W0192728

Ernst Peter Fischer

Wie kommt die Welt in den Kopf?

Ernst Peter Fischer

# Wie kommt die Welt in den Kopf?

## oder Die Macht der Sinne

Herbig

© 2013 F. A.Herbig Verlagsbuchhandlung GmbH, München
Umschlaggestaltung: Wolfgang Heinzel
Umschlagmotiv: shutterstock-images
Satz: EDV-Fotosatz Huber/Verlagsservice G. Pfeifer, Germering
Gesetzt aus: Sabon LT 10,3pt/13,8pt
Druck und Binden: GGP Media GmbH, Pößneck
Printed in Germany
ISBN 978-3-7766-2721-3

Auch als

www.herbig-verlag.de

# Inhalt

# Prolog

## Wahrnehmung und Wirklichkeit

»Alle Menschen streben von Natur aus nach Wissen; dies beweist die Freude an den Sinneswahrnehmungen (*aisthesis*), denn diese erfreuen an sich, auch abgesehen von dem Nutzen, und vor allen anderen die Wahrnehmungen mittels der Augen.«

So steht es im ersten Satz der *Metaphysik* des Aristoteles, und der Philosoph der Antike weist mit diesen Worten auf eine Fähigkeit hin, die in kopflastigen Zeiten mit fernsehenden Zeitgenossen, die zudem mehr in Handys als mit ihrem Gegenüber sprechen, leider eher untergeordnet behandelt wird. Gemeint ist die Qualität der Wahrnehmung, mit der es Menschen und anderen Geschöpfen gelingt, die sie formende und umgebende Wirklichkeit über das Vermögen ihrer Sinne einzufangen und kennenzulernen. Das dazugehörige griechische Original der *aisthesis* macht deutlich, dass es dabei um die spürbaren und offenkundigen Schönheiten der Dinge geht. Es handelt sich um das Vergnügen, das sich Menschen auf sinnliche Weise am Naturschönen bereiten können, wenn sie sich mit den im Lauf ihres evolutionären Werdens entstandenen Organen dem Wirklichen öffnen, das sie geformt hat. Dabei werden sie unter anderem sehen, hören, riechen, fühlen und schmecken – und mit diesen sinnlichen und sinnreichen Tätigkeiten die Welt um sich herum und das Leben in ihr genießen.

Der menschliche Wille zum Wissen beginnt mit dem von Aristoteles beschriebenen ästhetischen Vergnügen, das selbst viele die Glotze anstarrende Menschen sicherlich längst erfahren haben. Und es lohnt sich, diesen befriedigenden Zusammenhang im Auge zu behalten, denn wie Leonardo da Vinci in den Jahren der Renaissance seine möglicherweise heute überraschend klingende Überzeugung beschrieben hat: »Mir scheint, es sei jegliches Wissen eitel und voller Irrtümer, das nicht von der Sinneserfahrung, der Mutter aller Gewissheit, zur Welt gebracht wird und nicht im wahrgenommenen Versuch abschließt.«

Tatsächlich – auch wenn viele Philosophen aus aufgeklärten Zeiten eher skeptisch auf das Gewimmel von wahrgenommenen Eindrücken und ästhetischen Erfahrungen meinten blicken zu müssen und sich lieber an streng wirkenden Begriffen orientierten, so gilt doch mit dem Kopf ernst zu nehmen und im Herzen zu bedenken, was der in Italien lebende Dominikaner und Dichter Tommaso Campanella im frühen 17. Jahrhundert notierte, dass nämlich »das Urteil der Sinne – das Wissen durch Wahrnehmung – sicherer ist als jedes andere unserer Erkenntnisvermögen«. Viele Menschen wissen eher durch die Wahrnehmung eines ihnen gegenübersitzenden Artgenossen, ob sie ihm oder ihr Vertrauen schenken können oder besser Vorsicht geboten ist, als durch die Prüfung seiner begrifflichen Verlautbarungen.

Kunst fällt nicht vom Himmel. Sie wird vielmehr von Menschen gemacht, die Künstler genannt werden und als solche bekannt sind. Wissenschaft fällt ebenso wenig vom Himmel und stammt ebenfalls von Menschen, die Forscher genannt werden, die jedoch merkwürdigerweise einen sehr viel geringeren Bekanntheitsgrad haben als ihre artistischen Kollegen. Um dem abzuhelfen, sollen in diesem Buch ab und zu Informationen über Personen zusammengestellt werden, die zum Verständnis der Sinne beigetragen haben und im Text Erwähnung finden. Den Anfang machen zwei Klassiker der europäischen Kultur, nämlich Aristoteles und Leonardo da Vinci.

## Aristoteles und Leonardo

Man sollte **Aristoteles** (384–322 v. Chr.) nicht nur als Philosophen sehen, sondern auch seine biologischen, physikalischen und astronomischen Beiträge zur Kenntnis nehmen. Was das Leben angeht, so sah Aristoteles zum einen eine Einheit in allen Organismen, die er auf einer *scala naturae* (Stufenleiter der Lebensformen) verbunden sah. Und er stellte sich zum Zweiten vor, dass Leben durch zwei Komponenten zu definieren ist, die er *hyle* und *eidos* nannte und die heute als Materie und formbildendes Prinzip verstanden werden können. Was die Sinne angeht, so schlug Aristoteles nicht nur die klassische Fünfzahl vor, er vertraute seinen Sinnen zudem, um so etwas wie den Sinn der Natur – oder zumindest ihre Gesetze – zu erkennen. Leider hat er dabei manchen Bock geschossen und zum Beispiel die Ansicht vertreten, dass das Gehirn den Körper eines Menschen kühlt, während er mit seinem Herzen denkt.

**Leonardo da Vinci** (1452–1519) war »Maler, Architekt und Bildhauer, Dichter und Komponist, Fechter, Springer und Athlet, Mathematiker, Physiker und Astronom, Kriegsingenieur, Instrumentenmacher und Festarrangeur, erfand Schleusen und Kräne, Mühlenwerke und Bohrmaschinen, Flugapparate und Unterseeboote; und all diese Tätigkeiten hat er nicht als geistreicher Dilettant ausgeübt, sondern mit einer Meisterschaft, als ob jede von ihnen sein einziger Lebensinhalt gewesen wäre« So beschreibt Egon Friedell in seiner »Kulturgeschichte der Neuzeit« das Universalgenie der Renaissance, das als Maler den Vorgang des Sehens berücksichtigen möchte, mit dem ein Beobachter ein Bild betrachtet und dies wie folgt ausgedrückt hat, wie in der Ausstellung nachzulesen, die im Jahre 2000 in Tübingen zu sehen war und die sich Leonardo als »Wissenschaftler, Erfinder, Künstler« widmete:

9

»Der Künstler muss etwas dem Beschauer überlassen: Wir sind gewohnt, zu ergänzen, was wir nicht sehen, und gerade dieses Ergänzenmüssen erhöht den Eindruck der Lebendigkeit. Wenn der Maler darum die Umrisse nicht ganz fest zieht, wenn er die Formen ein wenig unbestimmt lässt, wenn Licht und Schatten ineinander verschwimmen, dann kann der Eindruck von Trockenheit und Steifheit nicht entstehen.« Vielleicht lohnt mit dieser Kenntnis ein neuer Blick auf die »Mona Lisa« und ihr Lächeln.

In der Tat: Menschen sind primär ästhetische Wesen, wie aus den Zitaten zu lernen ist, und erst recht, wenn sie als Kinder heranwachsen. Sie gelangen zur Welt über die Sinne, deren Ansichten und Informationen Freude bereiten können, und es lohnt sich, diesem sensorischen Zugang zu den Dingen und ihren Qualitäten nachzuspüren und das Tor zu ihm weiter zu öffnen. Er kann das Vergnügen vermehren, das Menschen ihren Sinnen verdanken, die sie offen für die Welt machen.

## Über wie viele Sinne kommt die Welt in einen Menschen?

Wer einmal A wie Aristoteles gesagt hat, wenn es um die Bedeutung der Sinne geht, der muss den Philosophen auch ein zweites Mal bemühen, wenn es um die uralte Frage geht, über wie viele Sinne und mit wie vielen und welchen Organen es einem Menschen denn nun gelingt, sich die äußere Welt als inneres Bild oder persönliche Vorstellung anzueignen und einzuverleiben. Der berühmte Grieche hat darauf bekanntlich mit der vielfach zitierten Zahl Fünf geantwortet und sogar gemeint, es ließe sich mit einem Blick auf den menschlichen Körper zeigen, dass es mehr als fünf Sinne nicht geben könne. Schließlich verfügten Menschen nur über eine Handvoll Organe, mit deren Hilfe sie Signale oder Reize aus der sie umgebenden Welt empfangen können – die Augen zum Sehen, die Ohren zum Hören, die Nase zum Riechen, die Zunge zum Schmecken und die Haut zum Fühlen. Die antike Idee einer philosophisch abgesegneten Fünfzahl hat sich nicht nur lange – mindestens bis in meine Schulzeit – in den Bildungsanstalten gehalten, sie ist auch immer wieder einmal grundsätzlich zum übersichtlichen Verständnis der Natur eingesetzt worden. Unter anderem sollte die Sinneszahl helfen, die Vielzahl bei den lebenden Menschen begreiflich zu machen, wie man etwa an einer Bemerkung des deutschen Naturforschers Lorenz Oken ablesen kann, der im 19. Jahrhundert in einer »Naturgeschichte für Schulen« meinte, er kenne zwar nur ein Menschengeschlecht, »aber nach der Entwicklung der Sinnesorgane gibt es fünf Menschenarten: der Hautmensch ist der Schwarze, Afrikaner; der Zungenmensch der Braune, Austrasier; der Nasenmensch der Rothe, Amerikaner; der Ohrenmensch der Gelbe, Asier; der Augenmensch der Weiße, Europäer«, wobei der Leser dann vergeblich auf eine Begründung dieser Zuweisungen wartet.

Wie Aristoteles gibt Oken – wenn auch mit anderer Betonung und in durchschaubarer ärgerlicher Absicht – dem Auge mit seinem Sehvermögen eine besondere Stellung, und er hält die menschlichen Fensterlein zur Natur offenbar für »das höchste Organ, die Blüthe oder vielmehr die Frucht aller organische Reiche«. Wobei interessanterweise angemerkt werden kann, dass sich der junge Dichter und eigenwillige Naturwissenschaftler Georg Büchner die eben zitierten Ansichten seines Lehrers Oken in seiner Probevorlesung aus dem Jahr 1836 zu eigen macht und sie ausdrücklich als wissenschaftliche Lehre seiner Zeit vorstellt. Wie selbst ein Genie danebentappen kann, wenn es den Begriff vor die Anschauung stellt und damit die Augen vor der Wirklichkeit in der erlebten Welt verschließt.

Als, wie erwähnt, zu meiner Schulzeit in den 1960er-Jahren die Frage nach der Zahl der Sinne gestellt wurde, galt die Fünf immer noch als die richtige Antwort. Für sie gab es eine gute Note, auch wenn jeder längst andere Erfahrungen kannte und niemand Mühe gehabt hätte, sinnerfüllte Begriffe wie Gleichgewichtssinn oder Schmerzsinn zu verstehen, um mit ihnen den antiken Katalog zu erweitern. Wenn eine Sinnesleistung durch die Fähigkeit einer Person definiert wird, auf eintreffende Reize aus der Umwelt zu reagieren, um mit ihrer Hilfe und dank der Vermittlung durch empfindliche Organe relevante Eigenschaften der Umgebung wahrzunehmen, dann gehören ganz sicher die höchst unangenehmen Empfindungen mit dazu, die etwa bei brennenden Schürfwunden oder durch einen verdorbenen Magen auftreten. Darüber hinaus versteht nicht nur jeder Rad- oder Rollerfahrer, dass sein bewegter Körper wissen sollte, wie im Normalfall ein unfallträchtiges Umfallen zu vermeiden ist und das Gleichgewicht gehalten werden kann.

Bevor die Zählung der menschlichen Sinne über die sieben bisher genannten Eigenschaften fortgeführt wird, soll noch einmal ein Blick auf die beliebte antike Fünf geworfen werden, selbst wenn sie inzwischen als überholt gelten kann, wie gleich noch weiter exerziert wird. Es sollte sich trotzdem lohnen, die antike Sinneszahl genauer zu bedenken, denn immerhin hat sie sich mehr als 1000 Jahre lang gehalten und den Menschen zumindest in Europa als Antwort gereicht, wofür sich sicher ein Grund finden lässt. Nur von europäischen Ansichten über Sinne kann in diesem Buch die Rede sein, auch wenn es zahlreiche faszinierende

Berichte über ungewöhnliche Wahrnehmungskünste etwa von Polynesiern gibt, die einsam in ihrem Boot auf dem Meer selbst unter grauem Himmel und ohne Sicht der Sonne bestens orientiert bleiben und genau die Richtung anzusteuern in der Lage sind, die sie zu ihrem Ziel führt. Auch können die Songlines hier nicht ausgeführt werden, mit denen australische Aborigines ihre Bewegungen auf langen Märschen durch Töne – bevorzugt eine Melodie – steuern und mit ihrer Hilfe ihr Ziel mit geschlossenen Augen erreichen – also ohne die von Aristoteles bevorzugte Wahrnehmung der sie umgebenden Wirklichkeit.

Was die fünf klassischen Sinne angeht, so war es vielleicht ja so, dass es Aristoteles und seinen Anhängern und Nachfolgern gar nicht darauf ankam, möglichst alle Reize der äußeren Welt zu erfassen und dafür ein rezeptives Organ zu suchen. Viel interessanter schien ihnen vielmehr die sich anschließende Frage zu sein, was aus dem sinnlich Wahrgenommenen der äußeren Welt in den inneren Räumen des Denkens wurde. Und bei deren Inspektion konnte niemand leugnen, dass etwa ein strahlender, sprechender, riechender, fühlbarer und beim Küssen auch zu schmeckender Mensch dort als ein individuelles Ganzes in Erscheinung trat. Es musste also innen einen »Gesamtsinn« oder einen *common sense* geben, wie heute noch im Englischen benannt wird, was in der philosophischen Literatur ursprünglich als *senso comune* bezeichnet wurde. Dabei kann noch angemerkt werden, dass die deutsche Sprache merkwürdigerweise aus dem ursprünglichen »Gemein- oder Gemeinschaftssinn« im Lauf der Jahrhunderte einen »gesunden Menschenverstand« gemacht und das »Allgemeine« für das »Gesunde« aufgegeben hat.

## Der gesunde Menschenverstand

Der englische *common sense* hieß auf Deutsch ursprünglich der »gemeine Menschenverstand« – gemeint war so etwas wie eine »allgemeine« Fähigkeit aller Personen beim gedanklichen Erfassen –, und heute benutzt die Muttersprache des Philosophen Immanuel Kant dafür den Ausdruck »gesunder Menschenverstand«. Sie meint damit ein Instrument, mit dem sich Einsichten in die umgebende Wirklichkeit ohne weiteres Nachsinnen und Reflektieren ergeben (ohne zu bemerken, was dabei schiefgehen kann). Viele Personen berufen sich gerne auf ihren gesunden Menschenverstand, wenn sie rasche Entscheidungen treffen müssen, ohne Zeit zum Nachdenken zu haben. Allerdings gilt, dass wissenschaftliche Erkenntnisse oft solche sind, die dem *common sense* widersprechen, wie man sich einfach klarmachen kann, wenn man an das Licht denkt. Die Physik lehrt, dass Licht sich mit konstanter Geschwindigkeit ausbreitet, unabhängig von der Bewegung der Lichtquelle. Das Licht einer Taschenlampe etwa breitet sich also nachweisbar mit derselben Geschwindigkeit aus, ob die Lampe in einem fahrenden Zug oder auf einem Bahnhof eingeschaltet wird. Die Alltagserfahrung hingegen besagt, dass Geschwindigkeiten sich addieren und subtrahieren lassen. Der gesunde Menschenverstand kommt da nicht mit. Er sollte sich deswegen nicht grämen, sondern nur bemerken, dass auch ihm Grenzen gesetzt sind.

Wie dem auch sei: Alle unterschiedlichen Sinneseindrücke der Außenwelt werden von einem wahrnehmenden Menschen zu einem gemeinsamen Sinneseindruck in seiner Innenwelt verwoben, so stellte man sich jedenfalls den Vorgang vor, und wer jetzt zu zählen beginnt, wie viele Sinne sich daran beteiligen, wird bei der aristotelischen Fünf landen und mit ihr zufrieden sein. Wer zum Beispiel mit anderen Menschen beim Essen sitzt und sich überlegt, welche Empfindungen und Signale das angenehme Bild, das er von der erfreulichen Szene hat, in seinem Kopf schaffen, der wird mit dem Quintett aus Sehen, Hören, Riechen, Schmecken und Tasten höchst zufrieden und in der Lage sein, mit ihm alle Details zu konstruieren und zu erfassen. Schmerzen, wie sie vielleicht von Pfefferschoten oder einer zu heißen Suppe verursacht werden können, kommen in dem Bild der Szene nur am Rande vor und werden in der Erinnerung gerne ausgeblendet, und das Gleichgewicht hängt vornehmlich vom Alkoholkonsum ab. Doch wenn der erst einmal hoch genug geklettert ist, dann fragt niemand mehr nach der Zahl der Sinne und erst recht nicht, seit wann es mehr als fünf gibt.

## Mehr als fünf Sinne

Es gehört zu den besonderen Eigenschaften von – vornehmlich westlich orientierten – Menschen, immer etwas mit Zahlen ausstatten zu wollen. Im frühen 17. Jahrhundert hat zum Beispiel Galileo Galilei verkündet, dass man unterscheiden müsse zwischen den Dingen, die man schon vermessen habe, und den Dingen, die man noch vermessen werde. Aber zuletzt würden alle ihre Maßzahl bekommen, zum Beispiel auch die Temperatur der Hölle und die Breite und Höhe des Tores, das in sie hineinführt. In diesem vornehmlich europäischen Sinne gilt es auch, die genaue Zahl der Sinne zu bestimmen, mit denen Menschen sich zurechtfinden, und die ersten Schritte, die oben unternommen wurden, haben die Fünf überholt und die Sieben erreicht. Das heißt, eigentlich lassen sich schon jetzt ohne Mühe noch mehr Sinne angeben, da das traditionelle Quintett dem größten Organ des Menschen, seiner Haut, nur die Fähigkeit des Fühlens oder Tastens zubilligt. Tatsächlich – und das muss niemandem eigens gesagt werden – spürt die Haut auch, wie warm oder kalt es ist, vor allem, wenn dazu ein unangenehm kräftiger Wind weht, und man könnte und sollte diese Fähigkeit als Temperatursinn bezeichnen, womit in der Zählung erst einmal die Ziffer Acht erreicht wird.

Über die genannten Empfindungsqualitäten hinaus weisen die Experten der Sinne auf eine merkwürdig wenig wissenschaftliche Aufmerksamkeit findende Eigenschaft von Menschen hin, die man als Eigenwahrnehmung bezeichnen könnte und die im Fachjargon Propriozeption heißt. In diesem etwas mühsam zu sprechenden Ausdruck steckt eine Kombination aus den lateinischen Wörtern für »eigen« (*proprius*) und »aufnehmen« (*recipere*). Die als Eigenwahrnehmung erfasste Fähigkeit kann sich jede Frau (und jeder Mann auch) leicht spürbar zur Gemüte führen, wenn sie (oder er) sich etwa vorstellt, eine Hand hinter ihren (seinen) Rücken zu halten und sie zu einer Faust zu ballen. Man kann sich alternativ dazu auch in die Situation versetzen, an der Theke einer Bar zu stehen und den linken Fuß etwas anzuheben, ohne ihn sehen zu können. In beiden Fällen weiß der Körper genau und mühelos, was mit beiden Extremitäten geschieht und wo sie sich gerade in welchem Zustand befinden, und diese sinnliche Fähigkeit bekommt eine Person durch ein besonderes Organ vermittelt, das sich im Innenohr befindet und dort eine Art Vorhalle bildet, wie noch ausgeführt wird. Im alten Rom nannte man solche Gebäudeteile Vestibulum, weshalb die Eigenwahrnehmung des Körpers einem Vestibularorgan zugerechnet wird, mit dessen Hilfe Menschen jetzt ein neunter Sinn zur Verfügung steht (insgesamt also Sehsinn, Hörsinn, Geruchssinn, Tastsinn, Geschmackssinn, Gleichgewichtssinn, Schmerzsinn, Temperatursinn, Körpersinn).

16

Mit ihm wird die Zählung erst einmal abgebrochen, auch wenn manche Autoren es gerne bis zur Zehn oder gar darüber hinaus schaffen und dafür die Wahrnehmung der inneren Organe heranziehen. Man spricht in diesem Fall ausgehend von dem lateinischen Wort für »Eingeweide« – *viscera* – von den viszeralen Sinnen und meint damit die Empfindungen, die sich als Bauchschmerzen melden oder Menschen als Durst oder Hunger geläufig sind und sie auffordern, etwas dagegen zu unternehmen.

## Einige Anmerkungen zum Unsinn

Es ist also eine Menge los im Reich der Sinne (siehe Kasten »Im Reich der Sinne«), und es sieht so aus, als ob derjenige, der nach den Sinnen sucht und ihnen dabei stets neue Vorsilben hinzufügt, auch auf den Gedanken kommen könnte, dass der Unsinn mit dazugehören sollte – natürlich nicht in der direkten Form, die das Fehlen eines sinnvollen Zusammenhangs andeutet. Tatsächlich hat die Einführung der Vorsilbe »un« im 20. Jahrhundert sehr viel Sinnvolles hervorgebracht, etwa dadurch, dass Physiker erst die Unstetigkeit der Natur in Form von Quantensprüngen bemerkt haben und im Anschluss daran die Unbestimmtheit der Gegenstände erfahren und hinnehmen mussten, die auf der atomaren Bühne eine Rolle spielen. Heute gehören Ausdrücke wie Unbeweisbarkeit, Unentscheidbarkeit, Ungenauigkeit und Unvorhersagbarkeit längst zum Standardrepertoire der exakten Naturwissenschaften, die sich so um den Unsinn in dieser eigenwilligen Bedeutung des Wortes verdient gemacht haben. Irgendwie scheinen die Forscher ständig bemüht zu sein, die Grenzen der Sinne zu erweitern, wobei die bekanntesten Beispiele in Form der Teleskope und Mikroskope schon aus dem 17. Jahrhundert stammen. Denen wiederum sind die Augengläser namens Brille vorausgegangen, die es etwa seit dem Jahr 1300 gibt, um den Sehsinn vor allem im Alter zu schärfen, wenn die Organe schwächer werden und ihre Zeitlichkeit spürbar wird. Es gehört zu den menschlichen Bedürfnissen, die Grenzen der von der Natur zur Verfügung gestellten Sinne zu erweitern oder zu überwinden, und dieser Wille bricht sich Bahn, auch wenn es passieren kann, dass dabei nur Unsinn entsteht.

## Im Reich der Sinne

Wenn es um Sinne geht, dauert es nicht lange, bis vom Reich der Sinne die Rede ist. Die Sinne verschaffen Menschen tatsächlich ein Reich, in dem sie sich umtun, erfreuen und manchmal auch verlieren können. *Im Reich der Sinne* meint darüber hinaus etwas Besonderes, nämlich den Titel eines Films, in dem der japanische Regisseur Nagisa Oshima 1976 die Geschichte einer sexuellen Obsession auf die Leinwand brachte. Zwischen dem Besitzer eines Geisha-Hauses und einer dort tätigen Prostituierten entwickelt sich ein grenzenloses Lustbegehren, das beide aus der realen Welt entfernt und in die Welt der Leidenschaft sperrt. Die Lust wird dabei auch durch Schmerz gefördert, was den Mann wünschen lässt, im Liebesakt von der Frau getötet zu werden, was auch geschieht. Als der Film das erste Mal gezeigt wurde, wurde er als Pornographie verurteilt und beschlagnahmt. Heute versucht man, das gezeigte Begehren und die fatale Wirkung einiger Sinne auf das Verhalten von Menschen zu verstehen. Es fällt immer noch schwer. Im Reich der Sinne lebt es sich riskant.

# Die klassischen Sinne

Die klassischen Sinne eines Menschen nutzen die klassischen Signale aus, die jede Person tagtäglich aus ihrer Umwelt empfängt und die ihr zur Orientierung dienen und Lust aufs Leben machen – das Licht, der Schall, der Duft, das Essen und die Berührungen, die dank der Haut vermittelt werden. Wer morgens erwacht, spürt vielleicht zunächst noch die wohlige Kuschelwärme der Bettdecke, bevor er oder sie mit den sich behutsam öffnenden Augen das lockende Licht der ersten Sonnenstrahlen wahrnimmt. Anschließend hört sie oder er mit den die ganze Nacht offenen und jetzt aufmerksam lauschenden Ohren ein hoffentlich freundliches »Guten Morgen«, und danach dauert es in vielen Fällen nicht mehr lange, bis zum Beispiel der Kaffeeduft mit seinem Aroma die Zimmer durchströmt und die Nase erreicht, was das Gehirn unmittelbar anspricht und den Sinnesempfänger bald zum Gang an den Frühstückstisch lockt, an dem der Geschmack auf seine Kosten kommt, wenn etwa ein Brot mit Marmelade oder ein Müsli mit Früchten angeboten und angenommen werden, wobei die Nase dadurch mitmacht, dass der Weg der Speise in den Mund nicht an ihr vorbeikommt.

Mit anderen Worten: Kaum wach, öffnen sich die Menschen für eine Welt voller Sinneserlebnisse, auf die viele von ihnen schon warten, und zwar meistens voller Freude. Mit den Sinnen und ihren Organen nehmen Menschen an der sie umgebenden und sie nährenden Welt teil. Sie empfangen die Signale der sie einhüllenden Wirklichkeit mit körpereigenen Bausteinen, die in der Fachwelt Rezeptoren heißen, was seinen sachlichen Klang verliert, sobald dafür Empfänger gesagt wird und man sich daran erinnert, dass Menschen ihren Gästen gerne einen begeisternden Empfang bereiten. In diesem Fall sind es die Signale der äußeren Welt, die als Gäste zu den Menschen kommen, und auf den folgenden Seiten sollen die Wege verfolgt werden, auf denen sie in die Innenräume gelangen, um hier zu dem bewussten Erleben zu werden, an dem Menschen ihre Freude haben. Am Anfang steht dabei – wie es sich gehört, weil Aristoteles dies meint und weil es aus der Schöpfungsgeschichte so bekannt ist – das Licht, das in die Augen gelangt, und zwar merkwürdigerweise dort, wo auf den ersten Blick ein schwarzer Punkt zu sein scheint. Wie wird es hell im Kopf eines Menschen?

## 1. Licht auf dem Weg zum Sehen

Zum Sehen geboren,
Zum Schauen bestellt,
Dem Turme geschworen,
gefällt mir die Welt.
Ich blick in die Ferne,
Ich seh in der Näh
Den Mond und die Sterne,
den Wald und das Reh.
So seh ich in allen
Die ewige Zier,
Und wie mir's gefallen,
Gefall ich auch mir.
Ihr glücklichen Augen,
Was je ihr gesehn,

Es sei, wie es wolle,
Es war doch so schön.

Lynkeus der Türmer in Goethes *Faust,*
*der Tragödie zweiter Teil*, Fünfter Akt,
»Tiefe Nacht«

## Die Fensterlein zur Welt

»Junge, halt die Augen offen« – diesen Rat meiner Mutter,
der mich in die Welt hinausführen sollte, habe ich wohl eine
gefühlte Million Mal mit auf den Weg bekommen. Und
wenn der mahnende Satz in seiner direkten Bedeutung auch
jedem bekannt ist und einigen vielleicht schon zu den Ohren herauskommt, so steckt in ihm doch ein Hinweis auf
eine eigentümliche Besonderheit des Sehsinns. Sie besteht
darin, dass man ihn abstellen und seine Augen tatsächlich
schließen und vor ungewünschtem Lichteinfall schützen
kann. Man muss dazu nur seine Augenlider zuklappen, und
schon werden die menschlichen Fensterlein zur Welt geschlossen, nicht nur, wenn es Nacht wird und ans Schlafen
gehen soll, sondern auch manchmal, wenn das Elend der
Welt nicht mehr mit anzusehen ist und man sich am liebsten
in sich selbst zurückziehen und gelassen meditieren möchte.

Ein Auge weist erstaunlich viele Details auf, von denen
einige im Text angesprochen werden. Eher langweilig
scheint der Glaskörper zu sein, der dem Sinnesorgan seine
kugelige Form gibt. Aber der Name täuscht über eine Besonderheit hinweg, nämlich die, dass alles, was im Leben
allgemein und also auch im Auge vorhanden ist, aus Zellen
besteht – was im Fall des Glaskörpers heißt, dass er aus
durchsichtigen Zellen zusammengesetzt ist. Das Licht tritt
durch die Pupille ein, wird durch eine Linse gelenkt, dort

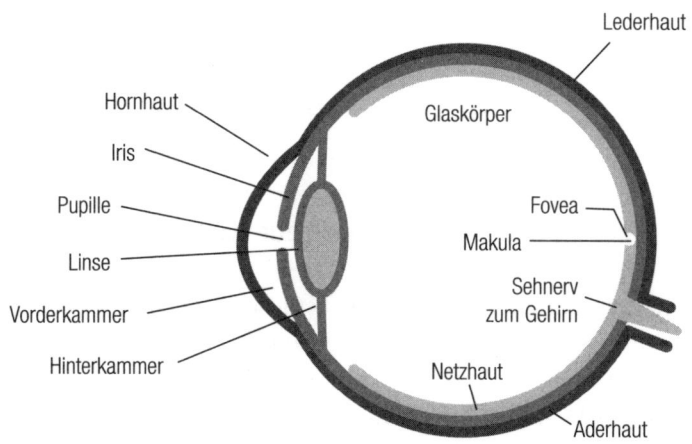

»Wenn ich an das menschliche Auge denke, bekomme ich Fieber«, hat Charles Darwin einmal gemeint, als er sich die Aufgabe vorstellte, erklären zu müssen, wie das Organ des Sehens mit seinen vielen Teilen im Verlauf der Evolution entstehen konnte. Die gezeigten und im Text erwähnten Strukturen können nicht in einem Schritt entstanden sein, und jede muss einzeln in ihrem Träger für einen Vorteil sorgen. Am wichtigsten sind die Zellen der Netzhaut, in denen die Lichtempfänger sitzen und von der aus der Sehnerv zum Gehirn zieht. Mit der Pupille lässt sich die Menge an Licht regeln, die ins Auge gelangt.

gebündelt und auf die Netzhaut weitergeleitet. Diese erledigt mit ihren Zellen und den darin befindlichen Bauteilen (Molekülen) die Aufgabe, aus dem physikalischen Signal der Außenwelt ein elektrisches Signal für die Innenwelt zu schaffen, das den Weg ins Gehirn findet und dort das Sehen ermöglicht, mit dem Menschen die Welt erfahren und an ihr Gefallen finden – wie der Türmer in Goethes *Faust*.

Noch einmal zum Thema Lichtdurchlässigkeit: Es trifft auch für die Linse zu, in der ebenfalls weder Glas noch Kunststoff, sondern Zellen zu finden sind, die im Gegensatz etwa zu Haut- und Haarzellen so angelegt sein müssen, dass sie lichtdurchlässig – also unsichtbar – erscheinen. Die Linsenzellen bekommen diese Eigenschaft durch Proteine (Genprodukte), die aus historischen Gründen »Kristalline« genannt werden. Wenn sie milliardenfach vorhanden sind, ballen sie sich zu Fasern zusammen, und in dieser Form verleihen sie den Linsenzellen die Eigenschaften, die jene am Eingang des Auges benötigen.

Wer mit Leib und Seele Wissenschaftler ist und ein Thema sucht, das für ein Leben und darüber hinaus reicht, könnte allein bei diesen Kristallinen fündig werden, so randständig ihre Aufgabe in dem ganzen Vorgang des Sehens erscheint, da das Licht bislang nur durchgelassen wurde und noch nicht angekommen ist. Wie viele verschiedene Fragen für die Forschung tun sich bereits hier auf:

Auf der Ebene der Physik die Frage, wie das Licht die Fasern aus Kristallin übersehen und ungestört durcheilen kann. (Allgemeiner gefragt: Was zeichnet Strukturen wie Glas aus, die fest und durchsichtig sind?) Auf der Ebene der Chemie die Frage, wie sich die Kristalline so ordnen können, dass Fasern entstehen und den Linsen neben der Transparenz auch die Form verpassen, mit der sie Licht sammeln und fokussieren können. Auf der Ebene der Zellbiologie die Frage, wie Zellen dazu gebracht werden, sich mit Kristallinen zu füllen und andere Proteine loszuwerden. Und auf der Ebene der Molekularbiologie die Frage, wie diese Makromoleküle überhaupt entstehen und angefertigt werden.

Wohlgemerkt: Mit Ohren, Nasen und den anderen Sinnesorganen geht das Abschalten und Abwenden entweder nicht oder nur mit mehr oder weniger mühsamen künstlichen Hilfen wie Ohrenstöpsel oder Nasenklemmen. So zeigt selbst diese natürliche Schließfähigkeit der Augen das

Außergewöhnliche des Sehsinns, den in der Antike bereits Aristoteles ausgesondert hat und den die Naturforschung im 19. Jahrhundert immer noch höher als alle anderen sensorischen Fähigkeiten einschätzte. Es muss daher nicht verwundern, dass sich im Lauf der abendländische Geschichte mehr Wissenschaftler um das Sehen und die dazugehörige Verarbeitung der visuellen Reize als um andere Sinnesqualitäten gekümmert haben, was die Frage, womit eine Darstellung der fünf als klassisch zu betrachtenden Sinne des Menschen beginnen sollte, von selbst beantwortet: mit dem Öffnen der Augen und dem damit möglichen Sehen von Licht natürlich. An seinem Beispiel können auch einige allgemein nützliche Konzepte vorgestellt werden, mit denen das sinnliche Vermögen von Menschen im Rahmen der Naturwissenschaften erkundet wird, und mit einem von ihnen wird die Erzählung im folgenden Abschnitt begonnen.

## Die Kette der Signale

Wer die Abläufe, die zum sinnlichen Erleben und in diesem ersten Fall zum Sehen führen, verstehen will, ist gut beraten, den Weg des Reizes – an dieser Stelle des Lichts – von dem betrachteten Gegenstand über das Sinnesorgan im Allgemeinen – und zunächst das Auge im Besonderen – ins Gehirn Schritt für Schritt zu verfolgen und die einzelnen Stufen zu betrachten und zu beschreiben. Tatsächlich orientieren sich die Vertreter verschiedener Disziplinen der Wissenschaft bei allen ins Visier genommenen Sinnen an diesem einheitlichen Konzept, zumindest vom Grundsatz her und ohne es explizit zu benennen. Es geht ihnen durchgehend darum, wie sich die Kette der Signale erfassen lässt, die beim Zustandekommen von Sinnesleistungen geschmiedet

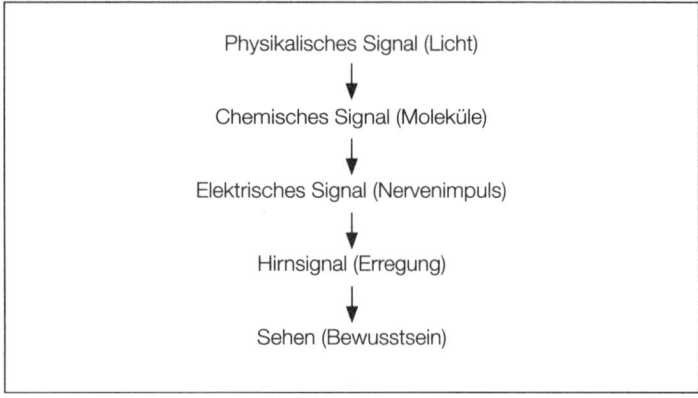

wird und zuletzt im Gehirn zum Ziel der Wahrnehmung führt (siehe Abbildung 2).

Übrigens – die Gemeinde der an biologischen Prozessen mit Sinncharakter orientierten Wissenschaftler ist deshalb von der Existenz einer Signalkette überzeugt, weil die Forscher beim Funktionieren der Welt viele Kausalitäten mehr oder weniger ununterbrochen am Werk sehen. Sie betrachten es demnach als ihre Aufgabe, die jeweils tätigen und treibenden Ursachen herauszuarbeiten. Es geht insbesondere darum zu erkunden, wie bei diesen Weiterleitungen jeweils Energie übertragen und umgewandelt wird. Natürlich gab und gibt es einige Wissenschaftler, die mit einem Blick auf die merkwürdige Physik der Atome, in der es zufällige Ereignisse ohne konkreten Grund gibt und die demnach einfach so ablaufen, eine andere Hoffnung hegen. Gemeint ist die Erwartung, dass sich auch im Lebendigen solch eine Lücke zeigt, und zwar am besten in der Kette der biologischen Signale auf dem Weg zum Sinn. Solch eine Unterbrechung würde sie und andere dann zu einem Umdenken und einem neuen Verständnis der Natur zwingen. Aber noch

Physikalischer Reiz (Außenwelt)

↓

Rezeption im Sinnesorgan

↓

Umwandlung in chemischen Reiz

↓

Umwandlung in Nervenimpuls

↓

Weiterleitung in das Gehirn

↓

Elektrische Erregung von Hirnarealen

↓

Bewusstes Sinneserlebnis (Innenwelt)

funktioniert die Erforschung der Sinne im traditionellen Rahmen mit durchgängiger Kausalität, und noch konnte in der Kette der Signale stets ein Glied an das nächste gereiht werden.

Die eben vorgestellte Grundidee einer Abfolge von Ereignissen, bei denen Reize und Informationen erst umgewandelt und dann weitergeleitet werden, kann auf alle Sinnesleistungen angewendet werden, wie sich klarmachen lässt, nachdem man einen ersten Blick auf den zuerst verhandelten Augenblick – den Blick mit den Augen – und seine seit Langem gut analysierte Signalkette gerichtet hat, wie etwas verspielt gesagt werden kann (siehe Abbildung 3).

Das Konzept der Signalkette erfasst nicht nur die Abläufe der natürlichen Prozesse bei der Sinnesverarbeitung, es zeigt auch, wie die Wissenschaft beim konkreten Arbeiten mit diesem Thema verfährt. Selbst eine Forschergruppe aus

**4** Das Spektrum des sichtbaren Lichts

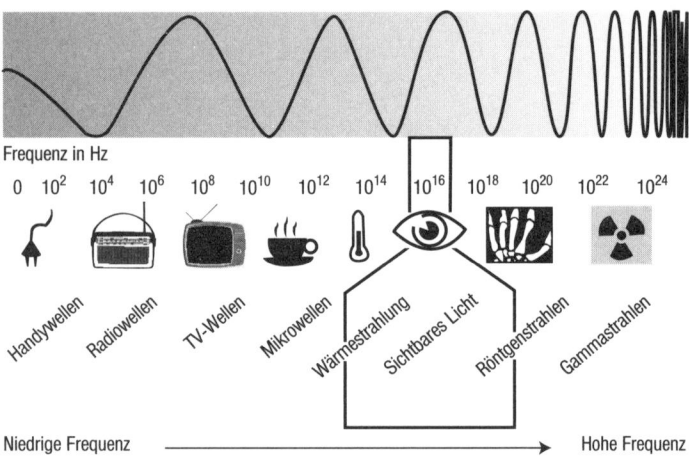

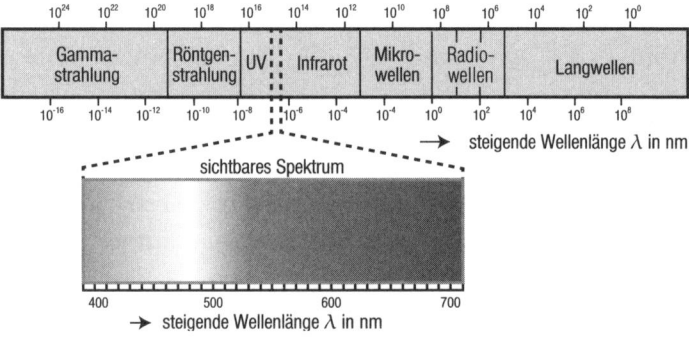

Physiker zählen Licht zu den elektromagnetischen Wellen, die es mit extrem hohen Frequenzen gibt – als Röntgenstrahlen zum Beispiel – und mit sehr niedrigen – etwa als Radiowellen. Das sichtbare Licht nimmt einen kleinen Spalt in dem gesamten Spektrum ein, es liegt zwischen den ultravioletten und den infraroten Strahlen, von denen die letzteren als Wärme den Sinnen zugänglich werden. Das UV-Licht kann die Haut gut bräunen oder auch verbrennen, wenn man sich davon zu viel gönnt.

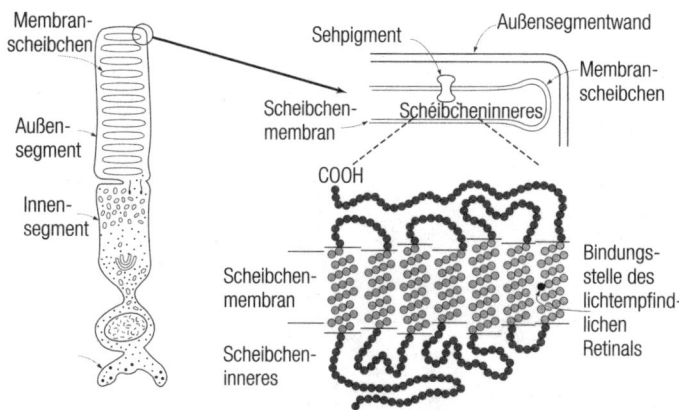

In den lichtempfindlichen Zellen der Netzhaut – genauer in ihrem Außensegment – finden sich Scheibchen, in denen die Sehpigmente versammelt sind. Eine solche fotosensitive Struktur besteht aus einer langen Kette, die sich siebenmal durch ein Haltesystem der Scheibchen zieht, das als Membran bekannt ist. Im Inneren dieser Membran befindet sich die Stelle, an der das Retinal bindet, das mit zur Lichtempfindlichkeit beiträgt, wie im Text beschrieben ist.

vielen Individuen kann in einem einzelnen Experiment nicht den ganzen Vorgang etwa des Schmeckens oder Riechens ins Auge fassen und alles erkunden, was zwischen der Außenwelt und dem Innenerlebnis passiert. Sie muss sich im Laboratorium auf eines der Kettenglieder konzentrieren und beim Sehen zum Beispiel konkret fragen, was schließlich mit der Energie des Lichts passiert, nachdem es von einer Strahlenquelle in ein Auge gelangt und dort aufgenommen worden ist. Wo trifft das Licht genau ein? Wodurch erzielt seine Energie ihre Wirkung? Und wohin wird das empfangene Signal im Anschluss daran geleitet und wie danach weiter damit umgegangen?

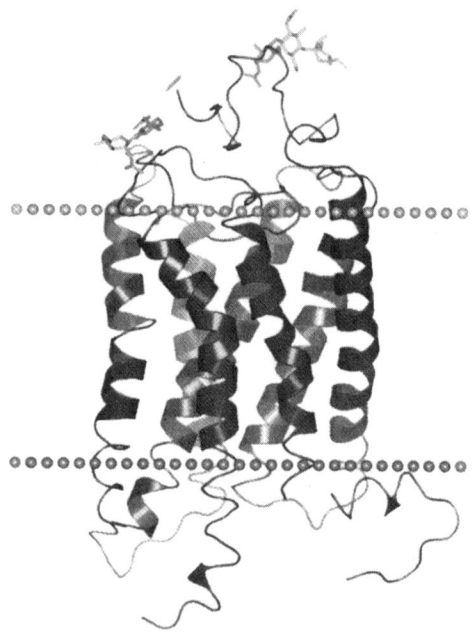

Diese Darstellung einer lichtempfindlichen Struktur in den Augenzellen lässt erkennen, dass die Bereiche des Pigments, die den Lichtempfänger in der Membran verankern, schraubenförmig gewunden sind, was ihnen geeignet Halt gibt. Die Teile des Lichtempfängers, die in eine der beiden möglichen Richtungen über die Membran hinausragen, machen einen eher zufälligen Eindruck, und ihre Anordnung und ihr Aufbau bieten im Detail noch eine Menge Raum für die Forschung.

## Die Verarbeitung beim Licht

Wie gesagt: Eine Sinneswahrnehmung beginnt mit einem physikalischen Signal oder einem spürbaren Reiz der Außenwelt, und beim Sehen ist damit das Licht gemeint, das von einem Gegenstand ausgeht und ins Auge fällt. Das Licht wird dabei zumeist durch seine physikalische Beschaffenheit oder seine Energie beschrieben, etwa indem seine Wellenlänge oder Intensität gemessen wird, und die mit diesem Reiz mögliche Sinneserfahrung beginnt, wenn Licht in ein Auge gelangt und dort auf der Netzhaut empfangen wird.

Das heißt, wissenschaftlich gesprochen wird das Licht auf der Augenrückwand absorbiert und seine physikalische Energie mithilfe raffinierter Genprodukte (Biomoleküle) in eine chemische Form umgewandelt. Aber das altmodisch klingende Wort vom Empfang soll auf die fachliche Bezeichnung der Gebilde vorbereiten, mit denen biologische Sinnesorgane physikalische oder chemische Signale erst einfangen und dann weiterleiten. Gemeint ist der Begriff des Rezeptors, der im frühen 20. Jahrhundert geprägt wurde und sich dem lateinischen Wort *recipere* verdankt, das so viel wie entgegennehmen, aufnehmen oder empfangen meint (siehe Tabelle 1). Bei allen sinnlichen Leistungen des Lebens und seiner Zellen spielen Rezeptoren eine Rolle, die – wie nicht anders zu erwarten – bei aller Einheitlichkeit der Funktion sehr unterschiedlich aufgebaut sein können und von denen einige noch im Detail vorgestellt werden. Rezeptoren für das Licht heißen manchmal auch Pigmente – oder genauer Fotopigmente –, was nach Farben klingt und auch so sein soll. Denn es sind verschiedene Rezeptoren im Auge, mit denen das Sehen von Farben seinen Anfang nimmt und also ermöglicht, dass Rezeptoren als Genprodukte verstanden werden können. Das heißt, es gibt Gene, deren Information den Bau der Rezeptoren ermöglicht, die dann in den Sinnesorganen ihre biologische Arbeit aufnehmen und die Reize festhalten und weiterleiten, mit denen sich Lebewesen die Welt öffnen.

Die Rezeptoren, die in menschlichen Augen für das Licht zur Verfügung stehen, befinden sich – wie immer in Organismen und ihren Organen – in Zellen, wobei die Sehzellen in der Netzhaut versammelt sind und in zwei Formen vorliegen. Es gibt lichtempfindliche Zellen, die wie Zapfen aussehen und auch so heißen, und es gibt solche, die wie Stäbchen aussehen und ebenfalls so heißen.

Wer fragt, wie sich Zellen erkennen und abgrenzen lassen, wird als Antwort bekommen, dass sie von einer zarten und dynamischen Hülle umgeben sind, die von Fachleuten als Membran bezeichnet wird – ein Wort, das sich zu merken lohnt.

Der Ausdruck leitet sich von dem lateinischen Wort *membrana* für »Häutchen« ab, mit dem jede Art von Trennschicht bezeichnet wird, wobei das Besondere einer biologischen Membran darin besteht, dass sie die von ihr umhüllte und eingefasste Zelle nicht nur abgrenzt. Vielmehr stecken in einer Membran viele Genprodukte, die es einer Zelle erlauben, mit ihrer Umgebung Kontakt aufzunehmen und zu kommunizieren. Mit anderen Worten, in Membranen von Zellen befinden sich Moleküle, die den gezielten Durchgang von funktionsfähigen Molekülen durch eine Membran erlauben und daher zum Beispiel als Poren oder Kanäle be-

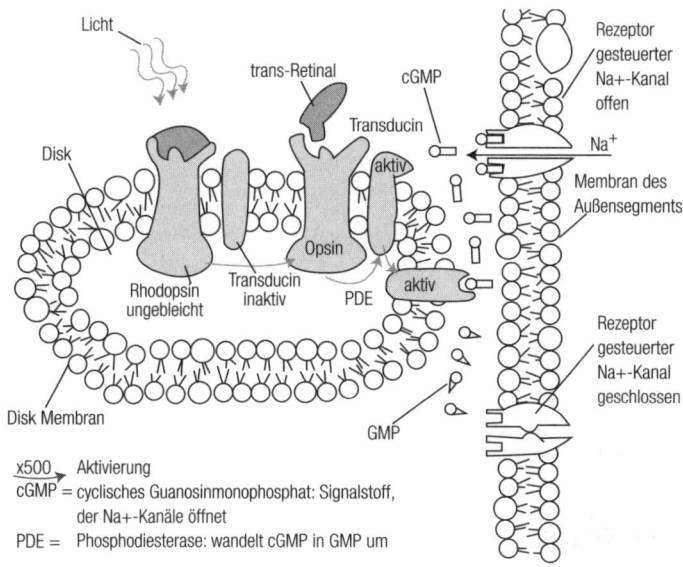

Licht

trans-Retinal

cGMP

Transducin

Disk

aktiv

Na⁺

Opsin

Rhodopsin
ungebleicht

Transducin
inaktiv

PDE

aktiv

Disk Membran

GMP

Rezeptor
gesteuerter
Na+-Kanal
offen

Membran des
Außensegments

Rezeptor
gesteuerter
Na+-Kanal
geschlossen

x500 ↘ Aktivierung
cGMP = cyclisches Guanosinmonophosphat: Signalstoff,
der Na+-Kanäle öffnet
PDE = Phosphodiesterase: wandelt cGMP in GMP um

Die wesentlichen Mitstreiter bei Lichtempfang und Signalumwandlung
stecken in einer Membran, die als Doppelschicht gebaut ist. Auf diese
Weise lassen sich eine Menge Strukturen unterbringen, die das Licht erst
empfangen (Rhodopsin) und dann weiterleiten (Transducin und eine
Phosphodiesterase), bevor in einer anderen Membran (rechts) weitere
Moleküle in Aktion treten, die als Kanäle geladene Natrium-Atome (Natri-
um-Ionen Na⁺) durchlassen können, wenn sie geöffnet sind. Mit zu dem
Geschehen an der Membran tragen Signalstoffe wie GMP und cGMP bei.
So einfach einem das Sehen fällt, so viel Biochemie ist dafür notwendig.

zeichnet werden. In den Membranen stecken auch die erwähnten Rezeptoren, die auf diese Weise das Äußere der
Umwelt mit dem Inneren einer Zelle verbinden, denn sie
ragen durch die zarte Zellhülle hindurch und zeigen sich als
Ganzes flexibel. Wenn sich außen an ihnen etwas ändert –
wenn sie dort etwa ein Lichtsignal empfangen –, dann wirkt
sich dieser Einfluss bis in das Zellinnere aus. Das kann man

sich wie bei einer Person vorstellen, die sich aus einem Fenster lehnt und sich beim Betrachten einer bestimmten Szene so freut, dass sie mit den Beinen im Zimmer wackelt. Das Signal ist damit von der Straße ins Haus gelangt, was im Fall der Rezeptoren einer Zelle heißt, dass das Signal von außen sich nun im Leben befindet und dort seinen weiteren Weg sucht.

Die Eigenschaft von Membranen, Genprodukte wie Proteine aufnehmen und auf diese Weise agieren lassen zu können, hat im Lauf der Evolution dazu geführt, dass die biologischen Häutchen nicht nur als äußere Zellhülle eingesetzt worden sind, sondern auch im Inneren der elementaren Einheiten des Lebens Aufgaben zugewiesen bekommen haben. In den genannten Sehzellen eines menschlichen Auges – in den Stäbchen und Zapfen – finden sich Membranen dicht übereinandergestapelt, wobei das Ganze so aussieht, als ob jemand dort eine molekulare Decke gefaltet und verpackt hätte. Dabei bilden sich Membranscheiben heraus, und in denen hat die Evolution die Fotorezeptoren untergebracht, mit deren Hilfe Menschen das im Auge eintreffende Licht erst festhalten und dann immer weiter nach innen in das Gehirn und sein Nervensystem weiterleiten, um es zuletzt dem Bewusstsein als Sehen zugänglich zu machen.

Der molekulare Empfänger des Lichts heißt Rhodopsin, was beim ersten Hören kompliziert klingt, weil das Wort aus zwei Teilen besteht. Die letzten beiden Silben – »opsin« – leiten sich vom griechischen Wort für Sehen ab, das auch zu dem Begriff der Optik geführt hat, der als Teilgebiet der Physik den Umgang mit dem Licht meint, der zum Beispiel Brillen und Fernrohre mit ihren Linsen hervorzubringen erlaubt. Mit Opsin bezeichnet die Wissenschaft den Anteil des Lichtrezeptors, der nach Instruktionen von Genen gebaut wird und damit als ein Protein (Genprodukt) vorliegt. Aus

In den Zellen der Netzhaut eines Auges wird aus dem Genprodukt Opsin ein lichtempfindliches Fotopigment namens Rhodopsin durch Hinzufügung eines kleinen Moleküls, als Retinal bekannt. Diese Struktur ist mit dem Vitamin A verwandt. Das Retinal kann in zwei Formen vorliegen, von denen eine gestreckt und eine geknickt ist – man nennt sie Cis- und Trans-Retinal –, und mit dieser biochemischen Information lässt sich erkennen, was im chemischen Detail passiert, wenn Licht eintrifft, wie im Haupttext beschrieben worden ist.

dem Opsin wird das visuell funktionierende Rhodopsin, das früher einmal Sehpurpur hieß, weil es rot aussieht, wenn man es isoliert betrachtet (und was auch den ersten Teil des Fachworts verständlich macht).

In den Zellen der Netzhaut eines Auges wird aus dem Genprodukt Opsin das lichtempfindliche Rhodopsin durch Hinzufügung eines kleinen Moleküls, das als Retinal bekannt und mit dem Vitamin A verwandt ist, das Menschen mit ihrer Nahrung aufnehmen, zum Beispiel in Karotten. Das Retinal kann in zwei Formen vorliegen, von denen eine gestreckt und eine geknickt ist (siehe Abbildung 8), und mit dieser biochemischen Information kann nach langer Vorrede der kurze Sinn der ganzen Konstruktion erläutert werden, die im Lauf der Evolution entstanden ist:

Wenn Licht ins Auge fällt, seinen Weg bis auf die Netzhaut macht und dort in den Sehzellen empfangen wird, dann sorgt seine Energie dafür, dass das an das Opsin gebundene Retinal seine Form ändert und sich dabei von dem Fotopigment trennt. Aus dem physikalischen Reiz eines Lichtstrahls ist damit das chemische Ereignis eines veränderten Moleküls geworden, mit dem die Zellen des Auges jetzt weiter operieren können. Das heißt, das Licht soll ja zum Sehen werden, und diese Sinnesleistung benötigt zuletzt das Gehirn, das darauf wartet, von dem Lichteinfall etwas zu erfahren. An dieser Stelle wird es niemanden mehr überraschen, wenn man feststellt oder in Erinnerung ruft, dass es im Inneren des Kopfes dunkel ist. Sehen findet im Gehirn zwar ohne Licht vor Ort, aber nicht ohne die Aktivität von Nervenzellen statt, die von der Rückseite des Auges ausgehen. Diese im visuellen Bereich aktiven Neuronen bekommen ihre notwendige elektrische Erregung mithilfe des eben geschilderten chemischen Signals, das als Folge des Lichteinfalls entstanden ist.

## Licht ein, Strom aus

Auf die Frage, wie das biochemische Verändern der Fotopigmente und ihres Anhängsels Retinal die elektrischen Signale hervorbringt, die Nervenzellen benötigen, um den Empfang des Lichts ans Gehirn leiten und melden zu können, gibt die Fachwelt eine Antwort, die auf den ersten Blick überraschend und fast paradox wirkt. Wie sich nämlich herausstellte und zum ersten Mal bereits in den 1940er-Jahren aus Japan berichtet wurde, ohne dass diese Nachricht in den Kriegsjahren große Aufmerksamkeit und Verbreitung gefunden hätte, fließt in den Sehzellen ein winziger Strom, solange kein Licht einfällt und es also für das Auge und seinen Träger dunkel bleibt. Die Rede ist heute von einem Dunkelstrom, und der Einfall von Licht sorgt nun dafür, dass dieser Stromfluss nicht ein-, sondern abgeschaltet wird. Diese Stromunterbrechung mit visuellen Folgen gelingt in den Sehzellen dadurch, dass die Poren oder Kanäle in den Membranen, die den Dunkelstrom ermöglichen, weil sie für seine Ladungsträger durchlässig sind, mehr oder weniger mechanisch geschlossen werden. Über diesen Sperrmechanismus verwandeln die Zellen das chemische Signal in einen elektrischen Reiz, der nun über Nervenzellen ins Gehirn geleitet wird und sich damit allmählich an das Ende des ganzen Übertragungsreigens heranmacht.

Mit anderen Worten, einfallendes Licht schaltet keinen Strom in den Zellen ein, sondern einen dort ständig fließenden Dunkelstrom aus, was natürlich bedeutet, dass in den Sehzellen bereits dann viel Energie benötigt und verbraucht wird, wenn es überhaupt nichts zu sehen gibt. Vermutlich steigert es die Empfindlichkeit und Einsatzschnelligkeit der visuellen Wahrnehmung, wenn sie auf der Ebene der Zellen und Moleküle mit einem bereits fließenden Strom operiert und ihn ohne viel Aufwand variieren kann, ohne ihn mit den üblichen Anlaufschwierigkeiten erst einmal in Gang bringen zu müssen.

Um an dieser Stelle das Konzept der Signalumwandlung erneut einzusetzen, kann man jetzt die Reihe Lichteinfall → Retinalumformung → Dunkelstromabschaltung verfolgen, wobei zu sagen ist, dass die Fachwelt gerne Fachwörter verwendet und für die beobachtete und verfolgte Weiterleitung deshalb Transduktion sagt – und im Fall des Sehens von einer Fototransduktion spricht. Und wenn es erst einmal um diese wissenschaftliche Genauigkeit geht, dann muss im Anschluss daran auch geklärt werden, wie es dem Licht denn nun genau gelingt, am Anfang der Signalkette zu stehen und die nachfolgenden Ereignisse loszutreten. Auch dabei muss der Laie eine Überraschung erleben und hinnehmen, wie gleich erläutert wird.

## Die Quanten des Lichts

So sehr man sich daran gewöhnt haben mag, das Licht und seine Farben mithilfe von Wellenlängen zu erfassen und zu unterscheiden, so wenig hilft diese Vorstellung im Auge weiter, denn ein Fotorezeptor ist deutlich kleiner als die Wellenlänge des Lichts, für das er empfindlich ist. Licht als Welle zu betrachten lohnt für Optiker und Maler und allgemein für Menschen, die etwa das Spiel der Farben in einem Regenbogen oder von Benzinflecken auf einer Straße erfassen wollen. Moleküle kommen damit allerdings nicht weiter, und im Auge kommt es bei den Reaktionen seiner Rezeptoren auf die Energie des Lichts an. Die drücken die Physiker seit den Tagen von Albert Einstein dadurch aus, dass sie Licht als einen Strom von Quantenteilchen darstellen, die den einleuchtenden Namen Photonen haben. Es sind nach Auskunft der Wissenschaft nun genau diese Lichtquanten, die von den Fotorezeptoren empfangen und verarbeitet werden, und wer jetzt das Gefühl bekommt, dass mit jeder weiteren Einsicht der Sehvorgang geheimnisvoller und unheimlicher wird, der hat recht. Es sollte ihn aber nicht entmutigen. So funktioniert eben die Wissenschaft. Sie kümmert sich um ein wunder- und geheimnisvolles Phänomen – in diesem Fall den Vorgang des Sehens – und findet dabei viele lohnenswerte Details heraus, die ihr nach und nach erlauben, etwas an das Geheimnis der Sinneswahrnehmung zu rühren, sodass sie manchmal sogar etwas davon verkünden kann. Aber wenn die Wissenschaft von einer Wahrheit spricht, dann kann sie dabei nur so vorgehen, dass die von ihr verkündete Wahrheit ihr Geheimnis behält und in vielen Fällen sogar noch vertieft.

## Kaskaden beim Sehen

Die Wissenschaftler, die den mehrstufigen Vorgang erkunden, der vom einfallenden Licht bis zu dem ins Gehirn geleiteten Nervenimpuls führt, sprechen bei ihrem Objekt der forschenden Begierde auch gerne von den Kaskaden des Sehens, die sich in den Membranen, mit denen die Sehzellen (Stäbchen und Zapfen) ausgestattet sind, nachweisen und entwirren lassen. So konnte mit raffinierten Experimenten, die mit hoher Zeitauflösung arbeiten und schnellste Veränderungen festhalten können, Folgendes gezeigt werden: Das Fotopigment Rhodopsin ändert sich nach Lichteinfall durch die erst geknickte und dann gestreckte Form seines Anhängsels Retinal so, dass an seiner Oberfläche Platz geschaffen wird für ein anderes Protein, das sich in der Nähe aufhält und auf zwei verschiedene Weisen bezeichnet wird. Einer der beiden Namen lautet Transduzin, und er klingt sofort verständlich, auch wenn er ungewohnt ist, weil das Wort ausdrückt, was das Transduzin unternimmt, nämlich etwas weiterzuleiten – zu transduzieren –, und zwar die Signale, die mit dem Lichteinfall in den Zellen in Gang gekommen sind (siehe Abbildung 2, Seite 26). Der zweite Name macht leider mehr Mühe. Er hängt damit zusammen, dass das Transduzin bei seinem Tun ein Molekül an sich bindet, dessen Name GTP abgekürzt und das etwas später erläutert wird, wenn es allgemein um die zweiten Boten geht (siehe Abbildung 9 zu den zweiten Boten). Man spricht daher auch von einem G-Protein, mit dem die Kaskade ihren weiteren Gang nimmt. Die Kombination Transduzin/GTP aktiviert auf der folgenden Stufe der Kaskade ein weiteres Protein, das als Enzym tätig ist und fachlich genau Phosphodiesterase (PDE) heißt. Damit ist gemeint, dass es dem katalytisch aktiven Biomolekül gelingt, chemische Gruppen zu verschieben, in denen sich das Element Phosphor nachweisen lässt, weshalb von Phosphatgruppen die Rede ist. Mit der katalytischen Fähigkeit der PDE wird es möglich, ein aktives Molekül namens cGMP zu entschärfen und als GMP unwirksam zu machen, wobei erneut der Buchstabe G auffällt, der gleich seinen ganzen Namen bekommt (mehr dazu in Abbildung 9). Mit dem GMP schließlich kommt die Kaskade des Sehens an ihr biologisches Ziel, denn mit seinem Auftritt können endlich die Kanäle für den Dunkelstrom geschlossen werden, da es das cGMP ist, das sie offen hält, wie die physiologisch-biochemische Forschung in jüngster Zeit herausfinden konnte, ohne dabei das Ende der visuellen Fahnenstange und ihrer molekularen Teile vor Augen oder gar erreicht zu haben.

Leider konnten mit dem bisher Berichteten nicht alle – und wahrscheinlich bestenfalls die Hälfte – der biochemischen Prozesse angesprochen werden, die zur Kaskade des Sehens gehören. Denn die drei beteiligten Proteine – das Rhodopsin, das Transduzin und die PDE – müssen ja nach ihrem Beitrag zum Sehen wieder in den Zustand zurückgebracht werden, mit dem die geschilderte sinnliche Kaskade ihren Schwung und das eingefangene Licht seine elektrische Wirkung entfalten kann. Aber es wird allmählich Zeit, den

Die mit cGMP und cAMP bezeichneten Moleküle spielen im Verständnis des Lebens eine wichtige Rolle, wie der Text ausführlich darstellt. Die beiden Gebilde agieren als »zweite Boten« – *second messenger*. Die Abbildung zeigt das cGMP links und das cAMP rechts. Die chemischen Substanzen bestehen aus drei Teilen: einer Base (Adenin oder Guanosin), einem Zucker und einer Phosphatgruppe mit dem P in der Mitte, die zum Zucker zurückgebogen wird. Das cAMP scheint im gesamten Leben mehr Bedeutung zu haben als das cGMP, aber beide gehören zum Sehen und zu den Sinnen.

Schleier zu lüften, der bislang über den Molekülen liegt, die durch den Buchstaben G gekennzeichnet sind. Eines von ihnen wird mit den drei Buchstaben GMP abgekürzt. Es ist mit dem zuerst eingeführten GTP verwandt, und zwar sehr eng. GMP steht als Abkürzung für Guanosinmonophosphat, was erst dann aufregend klingt, wenn man erfährt, dass dieser chemische Baustein nicht nur beim Sehen im Auge eine Rolle spielt, sondern auch ein elementarer Teil (Nukleotid) der Doppelhelix aus DNA ist, die in jedem Zellkern die genetische Information eines Organismus speichert, sie bei Bedarf verdoppelt und an die nächste Generation weitergibt.

Die mit cGMP und cAMP bezeichneten Moleküle spielen im Verständnis des Lebens eine wichtige Rolle. Sie gelten als »zweite Boten« – *second messenger* –, wie gleich erläutert wird. Die chemischen Substanzen bestehen aus drei Teilen – einer Base (Adenin oder Guanin), einem Zucker und einer Phosphatgruppe, die zum Zucker zurückgebogen wird. Das cAMP scheint im gesamten Leben mehr Bedeutung zu haben als das cGMP, wie noch zu sehen sein wird. Um aus cGMP und cAMP GMP und AMP zu machen, braucht man nur die Verbindung zwischen Phosphatgruppe und dem Zucker zu kappen.

Bei dem GMP-Molekül findet sich eine freie Phosphatgruppe, mit der zweierlei passieren kann. Entweder lassen sich hier weitere Phosphatgruppen anhängen, dann entsteht erst ein Di- und dann ein Triphosphat, womit wir bei dem GTP wären, das beim Sehen eine Rolle spielt. Oder die freien Enden der Phosphatgruppe werden auf den Rest des Moleküls zurückgebogen und mit ihm verbunden, sodass ein Loop entsteht wie bei einem Menschen, der seine Hand in die Tasche steckt. Das Molekül heißt dann zyklisches GMP, wobei das Attribut auf Englisch *cyclic* heißt und die neue Abkürzung cGMP erklärt.

Es lohnt sich, ausführlich auf das cGMP einzugehen, weil es eines der wenigen Moleküle ist, für die es neben ihrem Strukturnamen auch eine Funktionsbezeichnung gibt. Das zyklische GMP ist das, was die Wissenschaftler einen »zweiten Boten« nennen, wobei sich auch hierzulande der englische Ausdruck *second messenger* eingebürgert hat. Diese Bezeichnung ist aufgekommen, nachdem sich herausgestellt hatte, dass viele Signalumwandlungen im Körperinneren zwar von verschiedenen Primärempfängern ausgehen, zu-

NH$_2$

Das Adenosintriphosphat besteht aus drei Phosphatgruppen, die an dem Zucker hängen, der mit der Base Adenin verbunden ist. Diese gehört auch zu den Molekülen, aus denen der Stoff besteht, aus dem die Gene gemacht sind.

Möglicherweise klingt das alles wie langweilige Chemie voller atomarer Details. Aber immerhin kommen in ganz wenigen Buchstaben – cGMP und ATP – die Grundelemente des Lebens zusammen: das Licht, die Energie und das Werden der Gene. Man könnte auch sagen, dass die beiden Moleküle (Nukleotide) namens AMP und GMP so etwas wie die Urstoffe des Lebens darstellen, wobei immer wieder auffällt, dass alles um die Zahl Drei kreist. Drei Bausteine fügen sich zusammen, um drei Grundfunktionen zu übernehmen – den Aufbau von Information, die Regulation ihrer Nutzung und die Bereitstellung von Energie für das Leben.

letzt aber die Hilfe ein- und desselben Moleküls in Anspruch nehmen, eben des zweiten Boten. Man könnte für das cGMP auch »interner Botenstoff« sagen, wobei der primäre Bote beim Sehen natürlich das Rhodopsin ist. Die Erregung, die das Licht im Auge auslöst, muss erst bis zum zweiten Boten geleitet werden. Er gibt anschließend das Tor zum Gehirn frei (wobei ich fast »zum Himmel« geschrieben hätte).

Neben dem cGMP kennt die Biologie noch das cAMP als zweiten Boten, bei dem das Guanin durch ein Adenin ersetzt worden ist. Was sich mit diesen Fachbezeichnungen erneut eher langweilig anhört, bezieht seine Spannung zum einen aus der Tatsache, dass auch das AMP in der DNA zu finden ist und Adenin (A) und Guanin (G) zwei der vier Basen sind, die das chemische Alphabet des Lebens darstellen. Es bezieht zum Zweiten die Spannung durch den Hinweis, dass es mit dem cAMP auch ein ATP geben kann – ein Adenosintriphosphat. In ihm speichert das Leben die Energie, die es für die Abläufe in einer Zelle braucht.

## Muster und Felder

Menschen sehen mit ihrem visuellen Sinn nur das Licht, das es über biochemische und elektrische Zwischenstufen bis in das Gehirn schafft, und in das Gehirn kommt die Information nur mithilfe von Nervenzellen. Ein wesentlicher Trick des Auges besteht nun darin, nicht eine einzelne Sehzelle an eine einzelne Nervenzelle zu koppeln, sondern *ein* Neuron mit der Verarbeitung *vieler* Sinnesmeldungen zu beauftragen. Was auf den ersten Blick riskant erscheint und die Gefahr in sich birgt, auf einige der Informationen zu verzichten, die auf der Netzhaut noch durch die Fotopigmente in ihren Membranen gesammelt worden sind, erweist sich beim zweiten Hinschauen als Wunderwaffe.

Sie wirkt gegen das, was Bürger des 21. Jahrhunderts als Datenmüll nur allzu gut kennen (und fürchten). Unser visuelles System hat schon vor Millionen Jahren die Erfahrung gemacht – die seinen erwachsenen Trägern in diesen Tagen erst recht nicht erspart bleibt –, dass in der Welt immer zu viel passiert und davon zu viele Informationen geliefert werden. Die große Kunst – der Forschung und des Lebens – besteht offenbar darin, die richtige Auswahl aus dem schier endlosen Angebot zu treffen. Genau dies versucht der noch im Auge stattfindende Umschaltvorgang von Sehzellen zu Sehneuronen, die schließlich gebündelt als sogenannter optischer Nerv das Auge verlassen und ins Gehirn ziehen. Bevor es hierzu mehr Details gibt, darf doch noch einmal über den Konstrukteur der ganzen Sache – falls es ihn denn gibt – oder sein Produkt gemeckert werden. Denn da die lichtempfindlichen Zapfen und Stäbchen im Auge hinter den Nervenzellen liegen, versperren sie dem optischen Nerv den Weg ins Gehirn. Er muss sich folglich durch die Netzhaut bohren und hinterlässt durch diese Notwendigkeit ein Loch, an dessen Ort es tatsächlich nichts zu sehen gibt. Die Rede ist vom berühmten »blinden Fleck« im Auge, den man zwar durch raffinierte Versuchsanordnungen nachweisen kann, der sonst aber unbemerkt bleibt. Der allgemeine Grund dafür lässt sich durch den Tatbestand benennen, dass beim Sehen kein Foto gemacht, sondern etwas gemalt wird, und bei diesem Malen setzen sich sehende Menschen einfach über kleine Unebenheiten hinweg. Sie erfinden oder ergänzen, was fehlt.

Wenn jemandem im Alltag vorgeworfen wird, er habe etwa in der Finanzpolitik oder gegenüber einer Staatsmacht und ihrem Umgang mit Menschenrechten einen »blinden Fleck«, dann meint man ja nicht, dass der Betroffene da nichts sieht. Man meint vielmehr, dass er an dieser Stelle nur das sieht, was er sehen will.

Das Wirkungslose oder Unbemerkte des blinden Flecks zeigt im Übrigen, wie gut es das Auge mit seinen Kunden – den Menschen – meint. Sie werden nicht mit seinen Problemen belästigt, sondern perfekt mit einer anscheinend lückenlosen Welt bedient, und es kostet Mühe, sich von dieser Illusion zu verabschieden.

Wie kann nun das visuelle System des Menschen dafür sorgen, dass nicht sämtliche Lichtreize als relevante Information gewertet und ins Gehirn geschleust werden? Die wunderbar einfache Antwort steckt in dem Wort »Muster«. Tatsächlich bringen die vielen Sehzellen das eine Neuron, dem sie Meldung erstatten und das in der Fachsprache Ganglion heißt, nur dann dazu, aktiv zu werden und dem Gehirn etwas zu melden, wenn das sie erreichende Licht ihnen ein Muster präsentiert oder zu erkennen erlaubt. Die Sehzellen, die einem Ganglion zuarbeiten, geben so etwas wie seinen Empfangsbereich ab, für den die Fachwelt den Ausdruck »rezeptives Feld« benutzt (siehe Abbildung 11). Rezeptive Felder bestehen nun nicht aus mehr oder weniger zufällig verteilten Sehzellen, die irgendwelche Positionen auf der Netzhaut besetzen. Rezeptive Felder sind vielmehr so angelegt, dass sich Muster ergeben, und das Gehirn erfährt nur, welche von ihnen beim Lichteinfall zu erkennen sind. Die Empfangsstrukturen können zum Beispiel kreis- oder ringförmig angelegt sein, und in diesen Fällen erhält das Gehirn Nachricht darüber, ob auf der Netzhaut etwa ein heller Lichtpunkt oder eine dunkle Scheibe registriert werden konnte.

Viele Sehzellen aus der Netzhaut – gezeigt hier in Form der Stäbchen – sind mit einem Sehneuron (Ganglion) verbunden. Diese Sehzellen bilden das rezeptive Feld des Ganglions, wie man auch sagt. Das Gehirn erfährt nicht direkt, was die Netzhaut registriert, sondern nur, was es von den Ganglienzellen mitgeteilt bekommt. Diese Zellen werden genau dann aktiv, wenn sowohl die Form des rezeptiven Felds als auch das Lichtmuster stimmen. Es gibt zum Beispiel – wie gezeigt – kreisförmige Felder, die dem Gehirn dann etwas melden, wenn die Zellen am Rand Licht empfangen, während das Zentrum unbeleuchtet bleibt. Es gibt auch Ganglien mit umgekehrt geschalteten Feldern, die

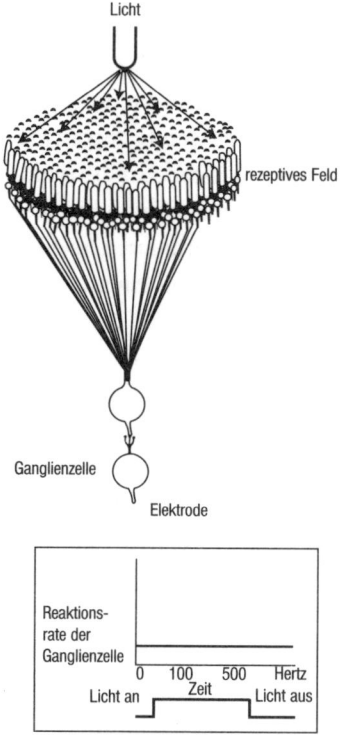

Ein rezeptives Feld von Sehzellen, das seinen Lichtempfang einer Nervenzelle meldet, wie es im Text beschrieben ist.

dann dem Gehirn Lichteinfall melden, wenn die Mitte des Zellenbündels beleuchtet wird, während es am Rand dunkel bleibt.

Es gibt eine Vielzahl von rezeptiven Feldern beim Sehen, und zwar nicht nur von Ganglienzellen. Wenn man dem nach einem Lichteinfall ausgelösten Nervensignal weiter (tiefer) ins Gehirn hinein folgt, kommt man irgendwann in der Hirnrinde (Cortex) an, und die hier befindlichen Zellen reagieren nur dann, wenn ihren rezeptiven Feldern bestimmte Muster auf der Retina entsprechen.

Die Geometrie ist dabei übersichtlich. Ganglienzellen haben kreisförmige rezeptive Felder, und kortikale Neuronen werden von Balken oder rechteckigen Flächen informiert. Wenn etwa der helle Fleck auf der Netzhaut erscheint, werden die Neuronen mehr oder weniger stark aktiv, deren rezeptive Felder mit einem mehr oder weniger dichten Strahlenkranz versehen sind. Die Forscher unterscheiden im Cortex einfache von komplexen Zellen. Die Zweitgenannten können neben dem Muster auch noch die Richtung erkennen, in der etwa eine Linie bewegt wird. Wenn ein Strich durch das rezeptive Feld einer komplexen Zelle bewegt wird, richtet sich die Größe der Nervenaktivität nach Richtung und Ausdehnung der Linie. Experimente dieser Art und in dieser Qualität wurden zum ersten Mal in den 1960er-Jahren durch David Hubel und Torsten Wiesel durchgeführt.

### Stephen W. Kuffler, Torsten Wiesel und David Hubel

**Stephen William Kuffler** (1913–1980) stammt aus Ungarn und hat in den USA Karriere gemacht. Er gilt als Vater der modernen Neurowissenschaften, hat viel zum Verständnis der neuronalen Vorgänge beigetragen, die zum Sehen gehören, und auch untersucht, wie gemachte Erfahrungen in Handlungen übertragen werden, was in seinem Fall hieß, die Frage zu stellen, wie Nerven mit Muskeln interagieren und sie in Gang setzen. Man spricht von der neuromuskulären Verbindung oder Schnittstelle (*junction*) und verdankt Kuffler die ersten Einsichten an dieser Weiche des Tuns.

Der Schwede **Torsten Wiesel** (*1924) und der Kanadier **David Hubel** (*1927) sind gemeinsam 1981 mit dem Nobelpreis für Physiologie ausgezeichnet worden, und zwar für ihre in den 1950er-Jahren begonnenen Arbeiten, in denen sie den visuellen Cortex und seine Organisation erkundet haben. Sie haben dabei unter anderem Säulen von Zellen ausmachen können, in denen die Information eines einzelnen Auges dominant ist. Und sie haben spezielle Bereiche gefunden, in denen Kanten- oder Bewegungsdetektoren angelegt waren. Die erwähnte Augendominanz entwickelt sich unumkehrbar (irreversibel) im Verlauf der kindlichen Entwicklung, wie Hubel und Wiesel ebenfalls zeigen konnten, was augenfällige Krankheiten aus dieser Phase des Lebens besser zu verstehen erlaubt.

Die Entdeckung solcher gemusterten Empfangsbereiche geht auf den ungarisch-amerikanischen Neurophysiologen Stephen W. Kuffler zurück, der bei seinen Experimenten mit dem Sehvermögen von Katzen vor gut 50 Jahren zum ersten Mal bemerkte, dass ein Sehnerv nicht alles weiterleitet, was die Netzhaut empfängt, sondern nach Mustern Ausschau hält und dabei ignoriert, was nur diffus daherkommt und also langweilig ist und ohne Bedeutung bleibt. Kufflers Leistung in allgemeiner Hinsicht bestand darin, die richtige (und mit den verfügbaren technischen Mitteln zu klärende) Frage gefunden zu haben – nämlich die nach der besten Art, einzelne Ganglienzellen zu reizen, die über den Sehnerv ins Gehirn gelangen und hier vom ankommenden Licht künden. Kufflers Glück bestand – wie sich im Rückblick sagen lässt – darin, dass er seine ersten Experimente mit Kätzchen gemacht hat. Hätte er sich etwa für die Alternative Kaninchen entschieden, wäre ihm die Entdeckung rezeptiver Felder von Ganglienzellen wohl kaum so überzeugend und auf keinen Fall so direkt gelungen. Denn während die Evolution die niedlichen Haustiere Kätzchen mit den übersichtli-

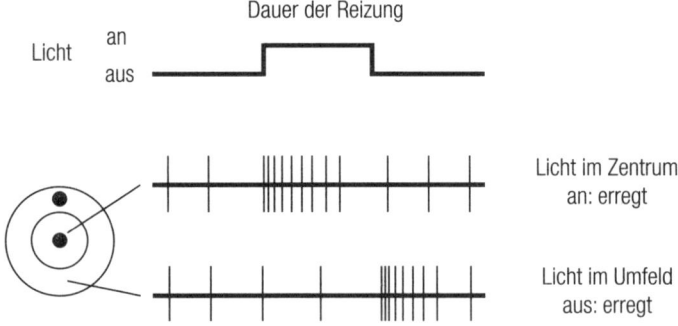

Licht im Zentrum
an: erregt

Licht im Umfeld
aus: erregt

Die Geometrie rezeptiver Felder scheint übersichtlich zu sein. Ganglienzellen haben kreisförmige rezeptive Felder, und kortikale Neuronen werden von Balken oder rechteckigen Flächen informiert. Wenn etwa ein heller Fleck auf der Netzhaut erscheint, werden die Neuronen mehr oder weniger stark aktiv, deren rezeptive Felder mit einem mehr oder weniger dichten Strahlenkranz versehen sind. Die Forscher unterscheiden im Kortex einfache von komplexen Zellen. Die Zweitgenannten können neben dem Muster auch noch die Richtung erkennen, in der etwa eine Linie bewegt wird. Die Abbildung zeigt kreisförmige Felder, die zu einer Erregung führen, je nachdem ob der Lichtpunkt das Zentrum erreicht oder nicht.

chen kreisförmigen On- und Off-Zentren in Abbildung 12 ausgestattet hat, ist sie bei den eher im Stall gehaltenen Kaninchen komplizierter vorgegangen. Deren für das Sehen bestimmte Ganglienzellen antworten auf Ecken oder Bewegungen, aber nur dann, wenn sie in eine Richtung zeigen oder entsprechend verlaufen. Als sich im Verlauf vieler Forscherjahre herausstellte, dass die Sache bei den Fröschen mit ihren großen und deshalb eigentlich gut für Forschungszwecke geeigneten Nervenzellen noch eine Stufe komplexer als bei den Kaninchen angelegt ist, versuchten sich die Neurobiologen in ihrer Verzweiflung an der Formulierung eines allgemeinen Gesetzes, das etwa so zu formulieren ist: Je dümmer ein Tier wirkt, desto intelligenter operiert seine Netzhaut. Oder anders ausgedrückt: Je schlauer ein Tier ist, desto weniger sieht es mit dem Auge und desto mehr benötigt es dazu sein Gehirn, und dort will die Darstellung nach wie vor hingelangen.

Deshalb jetzt zurück zu der Erzählung der biologischen Abläufe im Sehnerv, die bald rasch das Auge verlassen, um über eine Zwischenstation den Teil der Hirnrinde zu erreichen, in dem der eigentliche Sehvorgang beginnt, der den visuellen Eindrücken die Gestalt gibt, die sich verstehen und vergleichen lässt (siehe Abbildung 13).

Die Information, dass Licht ins Auge gefallen ist, verlässt über Ganglienzellen die Netzhaut und strebt einem festen Platz im Gehirn zu, den man Sehrinde oder visuellen Cortex nennt. An dieser Stelle muss spätestens darauf hingewiesen werden, dass Menschen zwei Augen im Kopf haben und dazu passend auch über zwei Hirnhälften (Hemisphären) verfügen. Die Informationsleitungen aus den Augen überkreuzen sich, aber nicht so, dass die Nachrichten aus dem linken (rechten) Auge in die linke (rechte) Hälfte geleitet werden, sondern so, dass die Aktivitäten aus der linken (rechten) Hälfte eines Auges in die linke (rechte) Hemisphäre gelangen. Auf dem Weg durch den Kopf wird auf halber Strecke eine Pause eingelegt, und die Relaisstation wird von Anatomen als seitlicher Kniekörper bezeichnet. In der schichtenförmig aufgebauten Struktur passieren zwei Dinge, auf die wir hier nur hinweisen. Zum einen bleibt die Anordnung (das Nebeneinander) der visuellen Information so erhalten, wie sie im Auge ankommt. (Die Experten sprechen von einer retinotopen Abbildung, was man sich merken kann, aber nicht muss.) Zum anderen kommt es hier zu ersten Trennungen der gesamten visuellen Information.

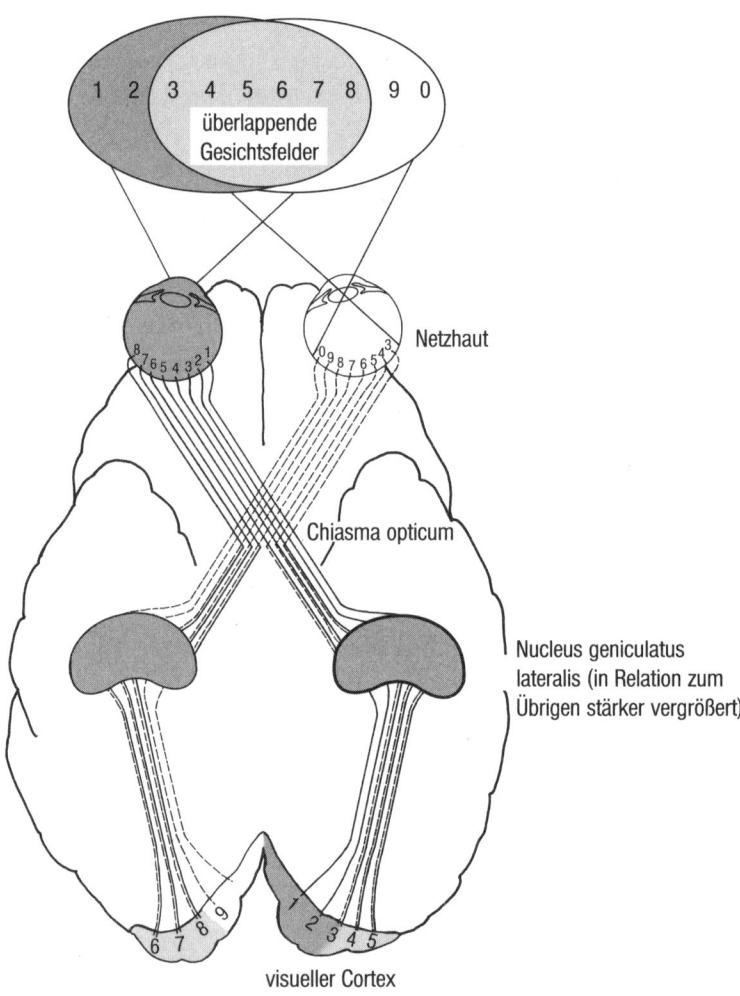

Der Weg von der Außenwelt nach innen in den visuellen Cortex, wie er im Text beschrieben worden ist.

Nicht alle Schichten im Knieköper reagieren auf Farben, und diejenigen, die es tun, agieren eher langsam. Offenbar sondert die Wahrnehmung Farbe und Form schon an dieser Stelle von der Bewegung ab, was sich in später erreichten Hirnstrukturen fortsetzt.

Bevor sowohl die Relaisstation als auch der Cortex näher ins Visier genommen werden, sei zur Erinnerung erneut betont, dass es hier kein Licht mehr gibt. Was als physikalisches Signal begonnen und im Auge eine chemische Form angenommen hat, zeigt sich jetzt nur noch als elektrische Aktivität, die in Form von Impulsen (»Aktionspotenzialen«) nachweisbar wird. Natürlich müssen die Nervensignale von Zelle zu Zelle gelangen, wozu eine Menge Chemie nötig ist, über die noch zu sprechen sein wird. Aber wenn Sinnesinformationen ihrem Ziel entgegenstreben, zählen nur die elektrischen Impulse oder genauer die Häufigkeit (Frequenz), mit der Neuronen feuern.

Ob wir ein Gesicht sehen, einen Text lesen, Musik hören, einen Duft aufnehmen oder mit einem Finger über Papier streichen – im Nervensystem kommen ausschließlich stereotype elektrische Botschaften an, die in allen Neuronen von gleicher Art sind und sich nur durch den Ort im Kopf unterscheiden, an dem sie eintreffen. Genau und umfassend nachgewiesen und eingesehen haben die Hirnforscher diesen immer noch merkwürdigen Zusammenhang erst in den Jahren nach dem Zweiten Weltkrieg, aber erkannt hatte ihn bereits im 19. Jahrhundert der Berliner Arzt und Physiologe Hermann von Helmholtz. In seinen *Populären Vorlesungen* schilderte er die Arbeitsweise des Gehirns durch einen eleganten Vergleich, der möglicherweise in Zukunft nicht mehr verstanden wird, wenn sich alles im Internet abspielt und keine Telegramme mehr geschickt werden und durch immer bessere Glasfasern die Erinnerung an die alten Kupferkabel verblasst:

»Die Nervenfasern sind oft mit Telegraphenleitungen verglichen worden, die ein Land überqueren, und dieser Vergleich ist gut dazu geeignet, ihre erstaunliche und sonderbare Funktionsweise zu illustrieren. In einem Netzwerk von Telegraphen finden wir überall dieselben Kupfer- oder Eisendrähte, die dieselbe Art von Bewegung transportieren, nämlich einen Strom von elektrischen Teilchen, aber in den verschiedenen Stationen je nach den Apparaten, mit denen sie verbunden sind, ganz unterschiedliche Ergebnisse hervorrufen. In einer Station ist das Ergebnis das Klingeln einer Glocke, in einer anderen wird ein Signal bewegt, in einer dritten beginnt ein Aufzeichnungsgerät zu arbeiten ... Kurz gesagt, jede einzelne der hundert verschiedenen Aktionen, die Elektrizität zu erzeugen in der Lage ist, lässt sich über eine Telegraphenleitung hervorrufen, die zu jeder beliebigen Stelle verlegt werden kann, und es ist jedesmal derselbe Vorgang im Draht selbst, der zu verschiedenen Konsequenzen führt ... All die Unterschiede, die man bei der Erregung verschiedener Nerven beobachten kann, hängen nur von den Unterschieden der Zielorgane ab, mit denen der Nerv verknüpft ist und zu denen er die Erregung weiterleitet.«

Tatsächlich – erst wenn die elektrische Erregung in dem für das Sehen oder Hören zuständigen Areal ankommt, sehen oder hören die Träger des aktivierten Gehirns etwas, wobei der Vergleich von Helmholtz hier an sein Ende kommt. Denn vom »Klingeln einer Glocke« kann er nur als außenstehender Beobachter sprechen, und auf den muss leider verzichtet werden, wenn es zu verstehen gilt, was das Gehirn im nervösen Detail macht, damit uns weder Hören noch Sehen vergeht, sondern beides gelingt.

Das Schöne an diesem mehr als massiven Problem besteht darin, dass es möglich ist, sich auf die Ergebnisse und Möglichkeiten der Wissenschaft zu beschränken und viele philosophische Bemühungen zu übergehen, wenn sie auch noch so elegant daherzukommen scheinen. Wer meint, dass damit auf die eigentlich spannenden Fragen verzichtet wird, kann vielleicht vom Gegenteil überzeugt werden, wenn er erfährt, um welche Themen es der Neurologie geht. Sie handelt nicht nur davon, wie man Formen erkennen kann, und das unabhängig von ihrer Lage auf der Netzhaut oder ihrer Größe, sondern auch davon, wie es gelingt, aus den beiden dazugehörigen Informationsmengen, die getrennt in die Augen von Menschen einlaufen, das eine Bild zu schaffen, das sie sehen. Und sie versucht, das Wunder der Wahrnehmung zu ergründen, mit dem sich schon Helmholtz beschäftigt hat, seit ihm Folgendes aufgefallen war:

Physikalische Messungen zeigen, dass ein weißes Blatt Papier bei Mondlicht dunkler ist (weniger Licht abstrahlt) als schwarzer Satin bei Tageslicht. Trotzdem stellen wir ohne Mühe und ohne Nachdenken fest, »daß das Papier weiß und der Satin schwarz ist«, wie Helmholtz seine Beobachtungen formulierte, um folgenden Gedanken zur Kunst anzuschließen: »Jeder Maler malt ein weißes Objekt im Schatten mit grauer Farbe, und wenn er die Natur richtig nachgeahmt hat, erscheint es rein weiß.«

### Mehr Licht im Gehirn

Wenn Forscher mit ihren Methoden Erfolg haben und in die eingeschlagene Richtung streben, übersehen oder vernachlässigen sie oft Beobachtungen am Rande ihres Feldes. Dies ist auch im Rahmen von lichtempfindlichen Strukturen passiert, als zum ersten Mal in den 1920er(!)-Jahren von Zellen in der Netzhaut berichtet wurde, die andere Rezeptoren als die klassischen Stäbchen und Zapfen einsetzten, um etwas wahrzunehmen. Es dauerte bis in die 1990er-Jahre, um dieses Phänomen in den Hauptstrom der visuellen Forschung zu leiten, und seitdem kennt man sich bei inzwischen als fotosensitive Ganglienzellen bezeichneten Gebilden aus, die zuerst im Auge von Säugetieren und dann auch in der menschlichen Netzhaut gefunden werden konnten, wobei die dazugehörigen Forschungen erst seit einigen Jahren die Aufmerksamkeit bekommen, die sie verdienen. Diese obzwar zum Sehen geborenen, lange Zeit aber trotzdem übersehenen Zellen verfügen über andere Fotopigmente als die schon länger bekannten Stäbchen und Zapfen, sie reagieren etwas schleppend und machen ein paar Prozent aller lichtempfindlichen Ganglienzellen der Retina aus. Ihre Aufgabe besteht offenbar unter anderem darin, die Tageslänge – und natürlich auch die Dauer der Nacht – zu registrieren, um die Aktivität eines Organismus an den Lichtrhythmus anzupassen. Andere Regulierungsaufgaben betreffen die Größe der Pupille und die Bereitstellung des Hormons Melanin, weshalb die zuständigen Fotopigmente auch Melanopsin heißen. Sie zeigen sich besonders empfindlich für den blauen Anteil des sichtbaren Lichtspektrums, und die derzeit erkundeten Fragen betreffen die Möglichkeit, dass diese Rezeptoren und ihre Lichtinformationen doch zu dem bewussten Sehen beitragen und den Menschen einen neuen Blick auf die Welt eröffnen.

## Stationen im Gehirn

Es wird immer deutlicher, dass das Bild der Welt eine Leistung des Gehirns ist, die unser Denkorgan aber erst vollbringen kann, wenn die Information, dass Licht ins Auge gefallen ist, bei ihm eingetroffen ist. Die Nervenbahnen, die von der Retina aus in die sogenannten höheren Regionen ziehen, sind bestens bekannt, was nicht bedeutet, dass sie einfach sind. Es ist möglich, den Spuren in Stufen zu folgen, und es ist ratsam, mit einem einzelnen Auge – etwa dem linken – zu beginnen und dann ein Ganglion zu verfolgen, das zum Verband des *Nervus opticus* gehört und mit ihm eine Station ansteuert, die mitten im Hirn liegt, in einem Gebiet also, das Anatomen als Thalamus bezeichnen. In ihm lässt sich eine Region ausmachen, die durch ihr Aussehen als »seitlicher Kniehöcker« bezeichnet wird.

Bekanntlich haben Fachleute die Tendenz, durch die Erfindung von Fachjargon die Laien abzuschrecken. Also nennen sie den Kniehöcker *Corpus geniculatum*, nur dann gehen ihnen die großen Worte aus, denn wozu die so benannte Zwischenstation beim Sehen dient, können sie nicht (genau) sagen. Mit ihren anatomischen Details könnte man allerdings problemlos ein umfangreiches Lehrbuch füllen, was unterbleibt, um für drei Feststellungen Platz zu haben:

Erstens bleibt im Kniehöcker die räumliche Anordnung der Nervenzellen erhalten, die sie im Auge eingenommen haben. Dieses Konstruktionsprinzip nennt man retinotope Organisation, und es bleibt bis hinauf in den Cortex erhalten. Zweitens lassen sich auch für die hier agierenden Neuronen rezeptive Felder angeben, und ihre konzentrischen Formen gleichen denen der Ganglienzellen in der Retina. Und drittens spaltet sich der Weg der visuellen Information spätestens hier auf, und zwar in zwei Bereiche, die in die Tiefe und die Höhe gehen, wenn man so sagen darf. Der an dieser Stelle weiter verfolgte aufsteigende Hauptteil geht zur Sehrinde, und das Gewebe, das die entsprechenden Neuronen bilden, ist als Sehstrahlung bekannt (was ein unglücklicher Ausdruck ist, der leicht mit dem Licht selbst verwechselt werden kann, das auch als Strahlung ins Auge fällt). Der bis in dieser Bemerkung hier übersehene Nebenteil wird mehreren Hirnregionen im limbischen System zugeleitet, die weniger zum erkennenden Sehen und mehr zum emotionalen Bewerten dienen. Tatsächlich muss längst von einem zweiten Sehsystem des Menschen gesprochen werden, denn schon bevor der optische Nerv im Kniehöcker ankommt, zweigen einige

Neuronen von ihm ab, um ein Areal zu erreichen, das die Anatomen des Gehirns *Colliculus superior* nennen.

Diese erst spät in der Wissenschaftsgeschichte gefundene zweite Tür des Lichts als Eingang in die Dunkelheit des Gehirns, die der zuerst entdeckten nicht nachgeordnet ist und parallel zu ihr offen steht, muss an dieser Stelle wieder geschlossen werden, weil sich die Erzählung sonst zu sehr in den visuellen Angeboten des Gehirns verzettelt. Allerdings kann sie für diejenigen Personen eine lebenswichtige Rolle spielen, die deshalb blind sind, weil ihre primäre Sehbahn unterbrochen ist. Tatsächlich können auch Blinde etwas vom Licht der Welt sehen, was so gemeint ist, dass sie merken, ob sie von Helligkeit umgeben sind oder sich in Dunkelheit befinden, weil das Licht über den zweiten Weg in ihr Gehirn gelangt. Ein menschliches Gehirn weiß und nimmt wahr, dass Licht da ist und auf Augen trifft, selbst wenn die Stelle, an und mit der sein Träger genauer erkennen könnte, was das Licht ihm zeigt, ausgefallen ist.

Der oben angesprochene *Colliculus superior* liegt im Mittelhirn und besteht aus einem Stück, was zwar im Normalfall niemanden wundern würde, aber im Gehirn seine Bedeutung bekommt. Schließlich sehen Menschen mit zwei Augen, aus denen zwei optische Nerven zu zwei seitlichen Kniehöckern ziehen, um danach zwei getrennte Sehrinden zu erreichen, eine in der rechten und eine in der linke Hemisphäre. Die Organisation des Gehirns wäre für den Forscher wahrscheinlich leichter zu durchschauen, wenn die Natur es ihm zuliebe so eingerichtet hätte, dass ein Auge einer Sehrinde zuarbeitet. Doch die Verhältnisse im realen Kopf sind anders. Es ist zum Leidwesen einiger Physiologen, aber zur Freude und zum Nutzen aller Menschen nicht so, dass das linke (rechte) Auge in die linke (rechte) Hirnhälfte projiziert wird. Es ist vielmehr so, dass die Ganglien aus der linken (rechten) Hälfte eines Auges in den linken (rechten) Teil des visuellen Cortex gelangen. Das ist zwar nur ein wenig kniffliger, verlangt aber eine kompliziert konstruierte Kreuzungsstation, an der das Linke von rechts nach links und das Rechte von links nach rechts geleitet wird und nichts durcheinandergeraten darf. Diese Station heißt Chiasma, und sie liegt vor dem Abzweig des zweiten Sehsystems und den beiden Kniehöckern.

Mit dieser Zweiteilung lässt sich erneut erkennen, dass Sehen keine passive Aufnahme von Information, sondern eine aktive Produktion von Wissen und somit eine Leistung des Gehirns ist. Schließlich ist der gesamte Lichteindruck aus dem Auge nirgendwo an einer einzigen Stelle im Kopf vorhanden. Es gibt ihn stattdessen in zwei Teilen, die zudem getrennt in der Sehrinde ankommen. All dies sollte dem interessierten Leser aber kaum noch etwas ausmachen, seit das Gestrüpp vor der Netzhaut bekannt und festgestellt worden ist, dass Lichtwahrnehmung durch rezeptive Felder organisiert ist. Auf sie können sich Menschen zum Glück auch in der Sehrinde verlassen, und obwohl sie in manchem Detail komplizierter geworden sind, bleiben ihre Formen für den Betrachter wohlvertraut. Irgendwo scheint immer wieder so etwas wie Einfachheit und Wiederholtes durch, was vielleicht nicht nur verwunderlich, sondern auch notwendig ist, weil die Wissenschaftler sonst kaum eine Chance hätten, überhaupt etwas von den zugleich raffinierten und zuverlässig ablaufenden Vorgängen zu verstehen.

## Die gemalte Welt

Wer die rezeptiven Felder vom Standpunkt eines Geometers aus betrachtet, wird dem visuellen System ein Lob für die

wunderbar runden oder elegant gradlinigen Grundstruktu-
ren zollen. Wer die Felder aber unter dem Aspekt der Evolutionsbiologie ansieht, darf ein wenig ins Grübeln kommen, denn das, was da im Nervensystem zu den stärksten
Reaktionen führt, kommt in der Natur nicht vor. Zwar
bauen Menschen gerade Straßen und runde Scheiben, aber
die nicht von ihnen stammenden Gegenstände der Welt sind
krumm und schief angelegt und stecken voller Verzweigun-
gen. Paradox formuliert sehen Menschen das am besten,
was es ohne sie nicht gibt, wobei sich auch anders argumentieren ließe, nämlich so, dass Menschen am schnellsten erkennen können, was sie selbst oder Personen mit entsprechenden Fertigkeiten hergestellt haben. Das Untypische
weckt die größte Aufmerksamkeit und lenkt den Blick von
Menschen in seine Richtung.

Man kann die rezeptiven Felder auch noch aus einer dritten Richtung anvisieren, und zwar der Kunst, aber anders,
als dies bei Helmholtz zur Sprache gekommen ist. Sehen
heißt ja zuletzt, ein Bild von der Welt vor den (dann inneren)
Augen zu haben, wobei es angemessen ist, sich in der frühen
Phase der Erkundung so verhalten, wie dies Wissenschaftler
zunächst immer tun. Sie denken sich ihr Objekt statisch und
unbewegt. Das Bild, das jemand sieht, ist aber nicht von dieser ständigen Art. Auf ihm bleibt die Welt nicht stehen wie
auf einem Foto, und wer das Sehen als technischen Vorgang
beschreiben will, muss wenigstens an einen Film denken, der
im Kopf abläuft. Doch erstens ist die Wissenschaft noch
nicht so weit, um einen bewegten und bewegenden Streifen
im Kopf aufzeichnen zu können, und zweitens zeigt auch
das Kino nur einzelne Bilder, auch wenn sie sehr schnell hintereinander angeboten und kaum als einzelne Sinneseindrücke unterschieden werden, wenn sie vorbeilaufen. Es erscheint beim Sehen demnach sinnvoll, sich mit Bildern zu

befassen, aber nicht nur, um sie zu betrachten, sondern auch, um sie umgekehrt anzufertigen. Es geht ja um die Frage, wie all die einzelnen Bilder entstehen, die gesehen werden, und die rezeptiven Felder, in denen eine betrachtete Szene vom Gehirn zerlegt wird, könnten einen spannenden Hinweis geben. Denn sie erlauben, die bereits angedeutete Hypothese auszubauen, dass das Gehirn die Welt malt, wenn es sie zu Gesicht bekommt, und von den Augen ausgehend über die Nervenbahnen erregt und informiert wird.

Menschen sehen sicherlich Bilder, wenn sie die Welt anschauen, aber diese Darstellungen ändern sich dauernd wie im Kino. Und seit die Bilder in diesem Medium das Laufen gelernt haben, denken wissenschaftlich orientierte Philosophen wie der Franzose Henri Bergson über die Frage nach, ob es nicht so etwas wie einen »kinematografischen Mechanismus des Denkens« gibt. So fragte Bergson in seinem 1908 zum ersten Mal erschienenen Buch, das im Original von einer »kreativen Evolution« spricht und auf Deutsch *Schöpferische Entwicklung* heißt. Hier heißt es unter anderem:

»Von der vorübergleitenden Realität nehmen wir sozusagen Momentbilder auf, und weil sie diese Realität charakteristisch zum Ausdruck bringen, so genügt es uns, sie längs eines auf dem Grund des Erkenntnisapparates liegenden Werdens nachzubilden, was das Charakteristische dieses Werdens selbst ist … Wir tun nichts weiter, als einen inneren Kinematografen in Tätigkeit zu setzen … Der Mechanismus unseres gewöhnlichen Denkens ist kinematografischen Wesens.«

Nun könnte man denken, dass sich hier ein Philosoph zu sehr durch eine neue Kulturtechnik beeinflusst zeigt, und mithilfe des besonderen Sehens, das im Kino seit seinen Tagen gelernt werden kann, das große Rätsel des Bewusstseins erhellen will. Aber die Idee, dass sich ein Gedankenstrom aus einzelnen Aufnahmen zusammensetzt, findet inzwischen Unterstützung durch die Medizin. Sie kennt Patienten, die bei Migräneanfällen »das Gefühl visueller Kontinuität verlieren« und stattdessen »flackernde Standbilder« sehen. Der Neurobiologe Oliver Sacks hat über solche Fälle berichtet und dabei unter anderem den Fall der Patientin Hester Y. erwähnt, die sich nur ein Bad einlaufen lassen wollte und bald inmitten einer Überschwemmung gefunden wurde. Der Grund dafür war erschütternd. Hester Y. war »starr in dem Wahrnehmungsmoment stecken geblieben, als in der Wanne ein Zoll Wasser gewesen sei«, wie Sacks in der »Zeit des Erwachens« schreibt und daraus einen Schluss zieht: »Solche Stillstände zeigen, dass das Bewusstsein für längere Zeit angehalten werden kann, während automatische, unbewusste Funktionen wie das Einhalten der Körperhaltung oder das Atmen weitergehen wie zuvor.«

Andere medizinische Erfahrungen – etwa von Patienten, die nicht mehr in der Lage sind, Bewegungen wahrzunehmen, und nur regungslose Figuren sehen – weisen darauf hin, dass es nicht einen, sondern eine Anzahl verschiedener Mechanismen für die Wahrnehmung von sichtbaren Bewegungen und die Kontinuität des visuellen Bewusstseins gibt, die im alltäglichen Normalfall zusammenwirken und meistens Eindrücke produzieren, über die wir uns nicht wundern. Dies wird nur in Ausnahmefällen anders, etwa bei der bekannten Wagenrad-Illusion.

### Der Film im Kopf

Die Wagenrad-Illusion ist aus alten Wildwestfilmen bekannt und macht sich dadurch bemerkbar, dass sich die Räder von Kutschen plötzlich andersherum drehen, als die Fahrtrichtung erwarten lässt. Dieser Effekt rührt von der fehlenden Synchronisation zwischen der Geschwindigkeit der Filmbilder und derjenigen der kreisenden Räder her. Doch kann die Illusion auch ohne Film auftauchen – etwa dann, wenn man einen sich rasch drehenden Ventilator gegen die Decke betrachtet oder einem fahrenden Auto auf die Räder mit geeignet gemusterten Radkappen schaut. Dann sehen Betrachter die Wirklichkeit, als würden sie einen Film sehen, und genau diesen Eindruck hat die Wissenschaft bestätigen können. Eine umfassende und systematische Untersuchung der Wagenrad-Illusion zeigt, dass das menschliche Sehsystem Informationen in sogenannten sequenziellen Episoden verarbeitet, und dies geschieht mit einer Geschwindigkeit von 3 bis 20 Episoden pro Sekunde. Üblicherweise werden diese aufeinanderfolgenden Bilder als ununterbrochener Strom wahrgenommen (erlebt), aber die humanen Betrachter behalten die gleiche Chance, die auch eine Filmkamera hat. Sie können »Zeit und Wirklichkeit in einzelne Bilder aufbrechen« und »dann zu einem scheinbar kontinuierlichen Fluss zusammensetzen«, wie bei Sacks und in seinen »Awakenings« zu lesen ist. Menschliches Bewusstsein kommt als Film zustande, was vor allem bedeutet, dass Menschen keine passiven Beobachter sind: »Wir sind die Regisseure des Films, den wir machen – aber genauso sind wir dessen Figuren: Jedes einzelne Bild, jeder Augenblick sind wir, gehört uns.« Unser Leben beruht also auf Momenten, »die ihrem Wesen nach persönlich sind«. So etwas wissen die Poeten längst, zum Beispiel Jorge Luis Borges, der einmal geschrieben hat: »Die Zeit ist ein Fluss, der mich davonreißt, aber ich bin dieser Fluss.« Mit anderen Worten, alle Augenblicke eines Menschen fließen in ihm zusammen.

»Das Gehirn malt die Welt.« Um diesen Satz zu verstehen, wird daran erinnert, dass unser Denkorgan die Welt auf keinen Fall fotografiert, wenn wir sie sehen, und so gilt es zu fragen, was mit dem Satz gemeint ist, dass jemand ein Bild malt. Wenn zum Beispiel das Bild ein Haus zeigt, dann ist nicht gemeint, dass mit einem Schlag ein Haus auf der Leinwand zu sehen ist. Gemeint ist vielmehr, dass ein Künstler Punkte, Linien, Kreise und andere elementare Figuren

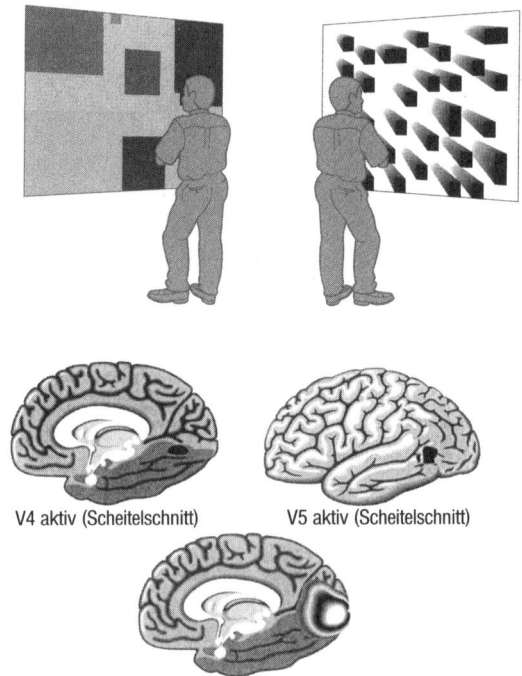

V4 aktiv (Scheitelschnitt)    V5 aktiv (Scheitelschnitt)

V1 und V2 aktiv (Scheitelschnitt)

Heutzutage können die Regionen eines Gehirns sichtbar gemacht werden, die bei der Ausführung von Aufgaben besonders aktiv werden. Im Prinzip wird mit raffinierten physikalischen Methoden der zerebrale Blutstrom analysiert. Wenn man dies bei einer Person tut, die sich eine Szene anschaut, stellt man fest, dass die Sehrinde aktiv wird (Mitte unten). Man könnte hier neben der Region V1 noch eine zweite namens V2 ausmachen, was aber hier nicht weiter nötig ist. Wichtig ist, dass dann, wenn die Person auf ruhige farbige Flächen à la Mondrian schaut (links), in ihrem Gehirn andere Regionen aktiv werden als dann, wenn sie bewegte farblose Flächen ansieht (rechts). Das Areal für die Farben nennt man V4 und das Areal für die Bewegung V5. Die Hirnforscher können noch ein zwischen den vier genannten Regionen liegendes Gebiet V3 unterscheiden, mit dem unser Gehirn dynamische Formen registriert, also etwa sich drehende Muster oder tanzende Menschen.

auf das Papier bringt, die irgendwann alle zusammen das Haus erkennbar machen, das ihm vorschwebt.

Ein gemaltes Haus entsteht mit elementaren Gebilden, die sich zum Teil geometrisch definieren und noch mehr so beschreiben lassen, und genau diese Grundfiguren finden die Neurobiologen als rezeptive Felder und damit als die Basiseinheiten, mit denen das Gehirn arbeiten muss, um aus Licht Sehen zu machen.

Wenn die Hypothese mit dem Malen stimmt und mit der künstlerischen Tätigkeit nicht nur das Hantieren mit Stift und Pinsel gemeint ist, sondern auch die Planung des Bildes, dann sollte ein Gehirn die betrachtete Szene nicht nur in ihre geometrischen Strukturen zerlegen, sondern insgesamt Form und Farbe trennen. Tatsächlich passiert dies auch im Kopf, und zwar durch die Weiterleitung der Signale in den Nervenbahnen, die in der primären Sehrinde – auch V1 genannt – beginnt und andere Areale in der Nachbarschaft erreicht, die jetzt einfach als V2 bis V5 durchnummeriert werden und welche die Hirnforscher mehr oder weniger präzise lokalisieren können (siehe Abbildung 14).

Die Aufteilung, die auf den ersten Blick sehr übersichtlich wirkt und jahrelang für ziemlich vollständig gehalten wurde, hat sich beim näheren Hinsehen eher als Spitze eines Eisbergs erwiesen. In der gesamten Großhirnrinde kennt die Wissenschaft inzwischen mehr als 30 Areale, die an der Wahrnehmung, Verarbeitung und Deutung visueller Reize beteiligt sind, und diese Vielzahl macht etwa 60 Prozent der gesamten Fläche aus, die uns in diesem Teil des Kopfs zur Verfügung steht.

Damit wird das Sehen für unser Leben und Überleben sehr wichtig, was natürlich keine große Neuigkeit ist und spätestens Aristoteles aufgefallen ist, der von der großen Freude gesprochen hat, die Menschen an der sinnlichen

Wahrnehmung der Welt haben, und zwar vor allem mittels der Augen. Einige Menschen haben mehr Vergnügen an Formen und andere an Farben, und dies könnte daran liegen, dass die dazugehörigen Areale besser geformt oder raffinierter mit anderen Bereichen im Gehirn verbunden sind, und zwar mit denen, die über die Wahrnehmungsleistung hinausgehen und für die Freude (und mehr) sorgen, von der Aristoteles gesprochen hat.

Farbe und Form gehören für einen Forscher in die Rubrik Objekterkennung. Mit ihr ist leider keinerlei Hinweis auf den Ort verbunden, den der erkannte Gegenstand in der realen Welt einnimmt. Die Bestimmung seiner Position gelingt an einer anderen Stelle. Sie liegt weiter oben im Kopf – zum Scheitel hin – und neben Regionen, die auch Ortsveränderungen – also Bewegungen – registrieren. Trotz der eben erwähnten Vielfalt der visuell wichtigen Areale scheint eine übersichtliche Zweiteilung möglich zu sein, indem man den Fluss der Information, der den primären Cortex verlässt, in zwei getrennte Ströme aufteilt. Der zuletzt erwähnte wird »Wo-Strom« und der zuerst beschriebene wird »Was-Strom« genannt, wobei diese Ausdrücke nur *cum grano salis* zu verstehen sind, da aus dem Bereich des »Wo-Stroms« auch die Handlungen gesteuert werden, die aufgrund visueller Eindrücke angezeigt sind.

Es scheint nichts Besonderes zu passieren, wenn Personen einen roten Ball mit hoher Geschwindigkeit auf sich zurasen sehen und sich dann wegducken. Aber die Wissenschaft weiß bis heute nicht, wo sich der rasende rote runde Gegenstand im Gehirn aufhält, der die Muskeln in Gang setzt, um ihm auszuweichen oder gegen ihn zu treten. Es ist bekannt, wo Hirnzellen seinen Ort feststellen, seine Farbe erkennen, seine Form ausmachen und die Richtung analysieren, in der er unterwegs ist. Doch dann ist Schluss. Denn

»der Schritt von einzelnen Merkmalen zu ganzen Objekten ist den Forschern bislang ein großes Rätsel. Die Tatsache, dass das visuelle System dieses Rätsel in weniger als 100 Millisekunden löst, macht die Sache nicht einfacher«, wie der Gießener Psychologe Karl Gegenfurtner in *Gehirn und Wahrnehmung* lakonisch geschrieben hat.

## Farben im Auge des Betrachters

Der Vorgang der Wahrnehmung – im Englischen als *perception* bekannt, wie es auch in dem vornehmen deutschen Ausdruck Perzeption anklingt – bleibt nicht bei der bloßen Erfassung der vorgefundenen Dinge stehen, sondern schließt immer auch eine Reaktion ein, wie sich erkennen lässt, wenn davon die Rede ist, dass Personen einen Termin oder eine Gelegenheit wahrnehmen. Wahrnehmung meint dann die sinnliche Erfassung der Wirklichkeit (konkret: die Aufnahme von Informationen durch die Sinne) und ihre anschließende Überführung in eine sinnvolle Handlung, was die lateinische Vorsilbe *per* in *perception* rechtfertigt, die »hindurch« meint. Wahrnehmung geht durch den Körper hindurch, um vom Reiz zur Reaktion zu werden, wobei die durchlässige Person in der heutigen Auffassung der biologischen Wissenschaften über verschiedene Handlungsdispositionen verfügt, die von der Wahrnehmung ausgewählt werden.

Übrigens – das »durch« kann auch in die Gegenrichtung genutzt werden, indem man sich klarmacht, dass die Wahrnehmung auch das Mittel ist, sein jeweiliges Gegenüber in aller Gelassenheit zu durchschauen. Wer bei einem Gesprächspartner nicht nur die Haarfarbe beobachtet oder die Kleidung ansieht, sondern die ganze Person wahrnimmt, wird mehr von ihr wissen, als die Augen an der Oberfläche zu sehen bekommen – und entsprechend bereit sein, etwas zu tun.

Hinter der Idee der Handlungsdispositionen steht der uns bereits bekannte Wunsch der Wissenschaftler, eine beobachtete Vielfalt auf einige wenige Grundmuster oder Basisbausteine zurückzuführen. Konkret für das Verhalten hoffen sie, alles menschliche Tun erst durch die Aktivität einiger Neuronen erklären zu können, deren Eigenschaften dann im nächsten Schritt durch eine molekulare Analyse auf der Ebene der Gene zu verstehen sind. Dieser umfassende Traum hat sich an einer Stelle als realisierbar erwiesen, und zwar bei der Wahrnehmung von Farben. Dies soll im Folgenden beschrieben werden, allerdings nicht ohne der Versuchung zu erliegen, in einer Zeit zu beginnen, in der man ganz andere Vorstellungen vom Funktionieren des Auges hatte.

Vor etwa 200 Jahren – im Herbst 1794 – hielt der Chemiker John Dalton (1766–1844) eine Vorlesung vor der »Literarischen und Philosophischen Gesellschaft« im britischen Manchester, und er sprach über sich selbst, genauer über sein Sehvermögen und noch genauer über einen Mangel dabei. John Dalton war nämlich farbenblind. Er beschrieb dem Publikum, dass er vor allem Scharlachrot (*scarlet*) mit Grün (*green*) und Rosa (*pink*) mit Blau (*blue*) verwechselte, und ihm war aufgefallen, dass ein rotes Siegelwachs, der damals in Umlauf war, für ihn farblich nicht von Lorbeerblättern zu unterscheiden war. Am meisten störte ihn, dass eine Pflanze, die er als *Geranium zonale* bezeichnete und die allgemein als *cranes bill* (»Storchschnabel«) bekannt war, ihr Aussehen in Abhängigkeit von der Lichtquelle änderte. Die Blätter, die von einem Normalsichtigen als Rosa bezeichnet würden, kamen Dalton im Tageslicht zwar *sky blue* (Himmelblau) vor, aber beim Kerzenschein machten sie den Eindruck, als ob sie *yellow with a tincture of red* (Gelb mit einem Stich Rot) seien.

Dalton wusste zwar, dass sein Bruder unter ähnlichen Problemen litt, was die Wahrnehmung der Farben anging, und überhaupt hatten die Ärzte bereits im 18. Jahrhundert bemerkt, dass Farbenblindheit etwas war, das Generationen hindurch in Familien blieb und weitergegeben wurde. Aber von Vererbungsregeln oder gar von Erbfaktoren war – mehr als ein halbes Jahrhundert vor Gregor Mendels Bemühungen in einem Klostergarten – unter den Wissenschaftlern noch keine Rede, und der Chemiker Dalton vermutete in seinem Vortrag, dass irgendeine stoffliche (chemische) Verunreinigung seiner Augen – genauer: ihres Glaskörpers – die Ursache seiner Farbschwäche sei. Im Einzelnen nahm Dalton an, dass sich irgendeine hellblaue (*tinted blue*) Substanz gelöst darin befinden würde, die bevorzugt langwelliges Licht absorbieren könne, und er beschloss, nach seinem Tod seine Augen der Wissenschaft zur Verfügung zu stellen, um diese Hypothese direkt prüfen zu lassen.

## Die Genetik der Farben

Am 27. Juli 1844 ist John Dalton im Alter von 78 Jahren gestorben, und einen Tag später hat sein medizinischer Assistent, Joseph Ransome, sich an die Autopsie gemacht. Seine Analyse des Glaskörpers konnte zwar die Hypothese Daltons nicht bestätigen – die dortigen Zellen waren so klar und durchscheinend wie bei jedem anderen –, aber Ransome hat Daltons Augen nach diesem Fehlschlag nicht weggeworfen. Er hat sie vielmehr aufbewahrt – so weit dies damals möglich war –, und so konnte man vor einigen Jahren – mehr als 150 Jahre nach Daltons Tod – einen neuen

Versuch unternehmen, die Ursache für seine Farbenblindheit zu untersuchen.

---

### Farbenblindheit

Da fast 10 Prozent aller Männer, aber nur weniger als 1 Prozent aller Frauen farbenblind sind, sollte die dazugehörige genetische Basis auf den geschlechtsbestimmenden Chromosomen zu finden sein. Es geht vor allem um das X-Chromosom,
das sich heute mithilfe von Bändern charakterisieren lässt, die
sich im Mikroskop zeigen und nummeriert werden. Man weiß
heute sogar, welche Eigenschaft ihren genetischen Platz in welchem Band hat. Die Farbenblindheit – d. h. die Gene für die
dazugehörenden Pigmente – liegt im Bereich q28. q besagt,
dass es um den langen Arm des Chromosoms geht (der kurze
wird mit p nach dem Französischen *petite* bezeichnet), und mit
der Zahl werden mikroskopisch sichtbare Banden abgezählt.

Rotblinde Personen werden Protanope genannt und grünblin-
de Menschen Deuteranope. Ihnen fehlt ein Pigment, und zwar
entweder die lang- oder die mittelwellige Form. Sehr selten
taucht auch noch eine Blauviolettblindheit (Tritanopie) auf.
Wenn nur eine Farbschwäche vorliegt, ist von Anomalien
die Rede, als von Protanomalie, Deuteranomalie und Trita-
nomalie. Die Farbtüchtigkeit wird mit einem Gerät geprüft
(einem Anomaloskop), bei dem eine Versuchsperson aus Rot
und Grün ein bestimmtes Gelb mischen muss. Rotschwache
brauchen viel mehr Rot, Grünschwache viel mehr Grün, und
Rotblinde sehen alles Licht, das eine längere Wellenlänge als
520 nm (»Grün«) hat, als gelb an. Alle Möglichkeiten lassen
sich mit genetischer Hilfe heute im Prinzip verstehen. Denn es
kann mehrere Kopien des Gens für das mittelwellige Pigment
in einer Zelle geben. Bei den der Befruchtung vorangehenden
Zellteilungen kann es zu Überkreuzungen des genetischen
Materials kommen. Dieses Crossing-over kann etwa mitten
durch ein lang- bzw. kurzwelliges Gen gehen und dabei für
all die Mischformen sorgen, die man bei farbenblinden Menschen kennt.

Die Methode der Wahl besteht heute in einer Analyse des genetischen Materials, denn es gehört zu den jüngsten Erfolgen der genetischen Wissenschaft, alle Erscheinungen der Farbenblindheit von einigen Genen und ihren Kombinationen her erklären zu können. Es ist längst bekannt, dass der Glaskörper nichts mit der Rezeption (Empfang) und Weiterleitung des Lichts zu tun hat und dafür vielmehr die Netzhaut zuständig ist, in der zwei Arten von Zellen unterschieden werden können, die Stäbchen und die Zapfen. Es sind vor allem die Zapfen, die bei der Wahrnehmung der Farbe eine wesentliche Rolle spielen. Diesen Zapfen gelingt ihre spezielle Aufgabe dadurch, dass sie leicht unterschiedliche (farbselektive) Varianten der lichtempfindlichen Proteine tragen, die hier als Rhodopsine beschrieben worden sind. Die alte Grundeinsicht der Genetik besteht darin, dass zu jedem Protein das entsprechende Gen gehört – das Gen für ein Rhodopsin –, und die neue Gentechnik gibt den Wissenschaftlern beste Möglichkeiten an die Hand, im Erbmaterial fündig zu werden. Es reicht heute, nur ein wenig über ein Protein zu wissen, und schon lässt sich das ganze Arsenal der Gentechnik einsetzen, um mehr über die Proteine, ihre Aufgaben und ihre Herkunft zu erfahren.

Der Vorteil besteht darin, dass die Genetiker schon länger wissen, wo sie nach den Genen für die Farbpigmente suchen müssen. Denn dass Farbenblindheit vererbt werden kann, wusste man – wie erwähnt – schon länger, und spätestens seit 1876 sind auch genaue Stammbäume bekannt, die Auskunft darüber geben, wie sich zum Beispiel die Farbenblindheit vererbt, von der John Dalton betroffen war. Sie heißt heute Grünblindheit, und dieser Name wird sofort verständlich, wenn wir das Ergebnis der genetischen Analyse anschauen, die mit Zellen aus Daltons Augenfragmenten gemacht worden ist.

Die heute scheinbar selbstverständlichen Genanalysen wurden möglich, nachdem Genetiker in den 60er- und 70er-Jahren Wege gefunden hatten, Farbenblindheit und andere vererbbare Eigenschaften zu lokalisieren. Das heißt, man lernte anzugeben, auf welchem Chromosom und an welcher Stelle im genetischen Material die Variation zu finden ist, die Anomalien des Farbsinns zur Folge hat, und inzwischen kann man seit ein paar Jahren auch die dazugehörigen Gene im molekularen Detail identifizieren und zählen.

Dabei tauchte eine Überraschung nach der anderen auf. Doch bevor darauf näher einzugehen ist, soll die Spannung um Daltons Farbschwäche gemindert und das Geheimnis seiner Mutation geklärt werden. Die genetische Analyse von Daltons Augen hat eindeutig ergeben, dass der große Chemiker ein Deuteranop war – ein Grünblinder –, wie man im Fachjargon sagt. Das heißt, ihm fehlte das Gen, das für das Pigment im Auge zuständig ist, das am besten mittelwelliges Licht absorbieren kann.

Übrigens – in der Literatur wird häufig immer noch gern von den Augenpigmenten als Rezeptoren für rotes, grünes und blaues Licht gesprochen und dabei so getan, als ob hier über die Wahrnehmung der Farbe entschieden wird. Doch was als eindeutige Farbe empfunden wird – etwa das Grün mit seiner mittleren Wellenlänge –, erregt im Auge nicht nur einen, sondern alle Rezeptoren, wenn auch unterschiedlich stark. Die Festlegung der Farbe erfolgt nicht auf der Rückseite des Auges, sondern in der Tiefe des Gehirns, bis zu der erst einmal vorgedrungen werden muss. Die Netzhaut dominiert nur dann, wenn sie unzureichend bestückt ist und es zur Farbenblindheit kommt. Bei Protanopen fehlt das für langwelliges Licht zuständige Pigment, und bei Deuteranopen fehlt das für mittelwelliges Licht zuständige Pigment.

Damit ist eins klar: Auch eine zweite Deutung von Daltons Sehschwäche, die noch zu seinen Lebzeiten unternommen wurde, hat sich als falsch herausgestellt. Diese stammt von dem britischen Physiker Thomas Young (1773–1829), der am Ende seiner Überlegungen um 1800 zu dem Schluss gekommen war, dass Dalton Protanop und somit rotblind sei. Wir erwähnen Young und seinen Fehler deshalb, weil er für das Thema der Farben eine wichtige Rolle spielt. Denn schließlich war er der Erste, der überlegt hat, ob man aus der ganzen unendlich scheinenden Vielfalt der Farben eine endlich große Zahl aussuchen kann, durch deren Mischung man in der Lage ist, sämtliche Farbeindrücke zusammenzustellen. Zu Beginn des 19. Jahrhunderts hatten er und einige Kollegen sich davon überzeugt, dass es nur ein paar wenige Grundfarben oder Elementarfarben gab, und er machte den kühnen Vorschlag, es mit dreien zu versuchen. Seit Youngs Theorie von 1809 spricht man deshalb auch vom trichromatischen Sehen, und man geht dabei vornehm über die Tatsache hinweg, dass Young sich selbst nicht so recht sicher war, welche drei denn nun die wirklichen Grundfarben waren. Erst schlug er Rot, Gelb und Blau vor, später wandte er sich Rot, Grün und Blau zu, und dabei ist es bis heute geblieben.

## Drei oder vier?

Das heißt, wenn man heute einen Laien fragt, aus wie vielen Farben wir die bunte Vielfalt der Welt, die wir sehen, zusammenmischen, wird er als Antwort die berühmte »Drei« geben. Dieses physikalische Konzept der Trichromatizität ist denn auch von dem schottischen Physiker James Clerk Maxwell ganz allgemein bewiesen worden – man sieht seinem Farbsystem auch die Hinwendung zur Drei an –, und tatsächlich kann ein Physiker alle Farben aus drei nahezu beliebig wählbaren Grundfarben mischen. Er muss nur darauf achten, dass seine drei Ausgangsfarben nicht zu ähnlich sind – Hellblau, Dunkelblau und Violett geht zum Beispiel nicht, während die Kombination Rot, Gelb und Grün natürlich kein Problem darstellt .

Was die Physiker angeht, so kommen sie offenbar tatsächlich mit drei Farben aus, und weil das so schön klappte, fasste einer von ihnen den Mut, die »Dreikomponententheorie des Farbsehens« auch für das Auge selbst als gültig vorzuschlagen. Gemeint ist der große deutsche Physiologe Hermann von Helmholtz, der wie Maxwell in der zweiten Hälfte des 19. Jahrhunderts wirkte (siehe Kasten »Hermann von Helmholtz und James Clerk Maxwell«). Helmholtz postulierte, dass es im Auge drei getrennte Rezeptoren oder Pigmente für die drei Grundfarben Blau, Grün und Rot gebe. Er nahm darüber hinaus an, dass die spezifischen Erregungen dieser drei Rezeptoren und ihre besonderen Empfindlichkeiten für die jeweiligen »Farbsensationen« verantwortlich seien, wie er es nannte. Je nach dem Gemisch dieser »Farben« ließen sich sämtliche anderen komponieren und wahrnehmen.

Tatsächlich konnten die Biochemiker unter Anführung des dafür mit dem Nobelpreis ausgezeichneten George Wald in den 60er-Jahren des 20. Jahrhunderts zeigen, dass es auf der Netzhaut drei Arten von Zapfen gibt, die für die angegebenen Farben sensibel sind, also für Rot, Grün und Blau. Und damit schien die Dreiertheorie endgültig bestätigt und die Antwort auf die Frage gefunden, wie viele Farben es eigentlich gibt: Im Auge sind es drei.

## Hermann von Helmholtz und James Clerk Maxwell

**Hermann von Helmholtz** (1821–1894) beherrschte die Naturwissenschaften seiner Zeit, womit die zweite Hälfte des 19. Jahrhunderts gemeint ist. 1847 konnte er – als 26-jähriger Physiker – den legendären Satz von der Erhaltung der Energie formulieren, wobei die zentrale Größe bei ihm zunächst noch Kraft hieß. Wenig später erfand Helmholtz den Augenspiegel, und als 40-Jähriger entwarf er eine physiologische Optik, bevor er eine »Lehre von den Tonempfindungen« in Angriff nahm und sich an eine naturwissenschaftliche Grundlegung einer Harmonielehre heranwagte. Was die konzeptionelle Seite seiner Wissenschaft angeht, so formulierte Helmholtz ein »Endziel der Naturwissenschaften«, das darin bestehen sollte, »die allen Veränderungen zugrunde liegenden Bewegungen und deren Triebkräfte zu finden, sie also in Mechanik aufzulösen«. Da kann man den Nachfolgern des »Reichskanzlers der Physik« nur viel Glück wünschen.

**James Clerk Maxwell** (1831–1879) gehört deshalb zu den unsterblichen Namen der Physik, weil er mit mathematischen Mitteln vier heute als Maxwell-Gleichungen bekannte Verbindungen zwischen elektrischen und magnetischen Phänomenen (Ladungen, Strömen und Feldern) knüpfen konnte. Diese ließen den tiefen Zusammenhang von physikalischen Erscheinungen erkennen und erlaubten es, Licht als eine elektromagnetische Welle zu deuten, wobei der heute gebräuchliche Begriff des Elektromagnetismus und die dazugehörigen Adjektive erst nach Maxwell gebildet und verstanden werden konnten. Übrigens – was die Farben angeht, so schloss Maxwell aus der erläuterten Dreifarbentheorie, dass sich durch geeignete Farbfilter auch Farbfotos anfertigen lassen müssten, und 1861 konnte er das erste Bild dieser Art in London vorstellen – der Schotte Maxwell zeigte auf ihm einen bunten Schottenrock.

Doch dann kamen die Genetiker, und als sie die Gene für die Pigmente präsentierten, zeigte sich ein kompliziertes

Bild. Am besten untersucht sind dabei die Gene, die auf dem X-Chromosom liegen, und auf sie wollen wir uns hier beschränken.

Die Gene, die hier liegen, sind verantwortlich für die Pigmente, die man früher Rot- und Grün-Pigmente nannte. Vermutlich benutzte man diese Namen einfach deshalb, weil der große Helmholtz sie im 19. Jahrhundert vorgeschlagen hatte. Inzwischen hat man aber verstanden, dass es mindestens mühevoll und wahrscheinlich sogar falsch ist, den Pigmenten die Namen der Farben zu gehen, die zwar vom Auge vermittelt, letztlich aber im Gehirn gesehen werden und deren Empfindung dort einen Namen bekommt. Solange man weiter vorne im Auge beschäftigt ist und mehr messbare Physik als unmessbare Wahrnehmung untersucht, sollte man die Farbnamen weglassen. Dies passiert inzwischen in Fachkreisen längst, und so redet man von Pigment für lang-, mittel- und kurzwelliges Licht, was wiederum abgekürzt wird als lang-, mittel- und kurzwelliges Pigment. Und für die Gene darf man unter strengen Auflagen dasselbe tun und von lang-, mittel- und kurzwelligen Genen reden, wobei genauer der Ausdruck »ein mittelwelliges Gen« die genetische Information meint, die eine Zelle benötigt, um das Pigment anzufertigen, das am besten Licht mittlerer Wellenlänge empfängt (und Entsprechendes gilt für die anderen Bereiche).

Als der Blick auf die erwähnten »Farbgene« zum ersten Mal frei lag, zeigten sich mehrere Überraschungen. Erstens gab es nicht ein mittelwelliges Gen, sondern es gab mehrere, wobei dies von Individuum zu Individuum verschieden sein konnte. Das eine langwellige und die jeweils vorhandenen mittelwelligen Gene lagen dabei tandemartig hintereinander, und die genetischen Austauschreaktionen (Crossing-over), die Chromosomen und Zellen zur Verfügung stehen, erlaubten jetzt, die meisten Farbschwächen von dieser Ebene aus zu erklären und damit zu verstehen.

Wenn soeben von einem langwelligen – und keineswegs von einem langweiligen – Gen die Rede war, dann stimmt dies zwar für eine Person. Aber es gab einen besonderen Dreh, wenn man nicht eine, sondern alle Personen ins Auge fasste. Sorgfältige (mit feinsten photometrischen Methoden durchgeführte) Untersuchungen hatten Augenärzte in den 80er-Jahren nämlich zu der Vermutung geführt, dass es bei ihren Patienten nicht ein, sondern zwei langwellige Rezeptoren gab, die unterschiedliche Empfindlichkeiten für die Farbe Rot nach sich zogen. Und in der Tat, als die Genetiker nachschauten, ob diesem zweiten langwelligen Rezeptor auch ein zweites langwelliges Gen zugeordnet werden konnte, wurden sie rasch fündig. Dabei stellte sich heraus, dass der entscheidende Unterschied zwischen den Genen und den dazugehörigen Rezeptoren auf einen einzigen Baustein zurückzuführen ist, und zwar auf den Baustein Nr. 180 im Rezeptor. 62 Prozent der untersuchten Patienten bzw. Probanden verfügen hier über ein Molekül, das die Biochemiker Serin nennen, und 38 Prozent tragen ein Molekül namens Alanin an dieser Stelle. Wer ein langwelliges Gen besitzt, das dafür sorgt, dass man an der 180-ten Stelle des langwelligen Rezeptors Serin (und nicht Alanin) findet, zeigt eine etwas andere Empfindlichkeit für die Farbe, die wir gewöhnlich als Rot kennzeichnen. Die höchste Sensitivität ist zu den längeren Wellenlängen hin verschoben, was beim Wein etwa dem Wechsel von einem Trollinger zu einem Spätburgunder entspricht.

Die Bedeutung, die diese Entdeckung von Jerry Nathans und seinen Mitarbeitern für die Psychologie hat, kann man kaum überschätzen, denn nun hat man eine Signalkette gefunden, die direkt von den Genen und ihren Bausteinen in die Welt der Wahrnehmung führt, ohne dass dieses Feld von der Wissenschaft ausführlicher besetzt worden wäre. Man wüsste gerne, ob und wie sich Menschen mit unterschiedlicher Rotempfindung etwa bei Rotweinen oder Tomaten entscheiden, ob sie Grüntöne unterscheiden können, die normal Farbsichtigen völlig gleich erscheinen, ob sie rote Kleidung eher grell oder dezent bevorzugen oder eher verwerfen und ob sie dies anders tun, weil sie die Welt anders wahrnehmen.

Doch solange diese höchst spannende Thematik nicht umfassend erkundet ist und bei Farbabstimmungsexperimenten stecken bleibt, soll es in aller Kürze um ein anderes und einfacher wirkendes Thema gehen, nämlich um die Zahl der Farben. Die Frage lautet, ob sich mit den neuen Kenntnissen sagen lässt, dass die Helmholtz-Young-Drei-Farben-Theorie nicht mehr hinreichend ist. Zunächst sah es so aus, als ob zwar innerhalb der Bevölkerung zwei langwellige Gene existierten, aber jedes Individuum nur eines davon hatte und nutzte. Doch auch diese Idee hat sich als unhaltbar erwiesen, als die Genetiker mit besseren Gensonden, wie sie das nennen, das genetische Material immer besser analysieren konnten. Mit steigender Präzision der Technik konnte man Individuen identifizieren, die mit bis zu vier langwelligen Genen ausgestattet waren, und eine Analyse ihrer Farbtüchtigkeit ergab sogar, dass sie bei Farbvergleichen deutlich anders reagierten – die Farben anders zusammenstellten – als die Träger eines einzigen langwelligen Gens. Der Schluss lässt sich nicht mehr vermeiden, dass es Menschen gibt, die tetrachromatisch sind, das heißt die die Farben, die sie sehen, aus vier Komponenten zusammenmischen – und zwar schon vom Auge her.

Damit findet die Gegenwart zur Vergangenheit zurück, denn Vierfarbigkeit galt schon im 19. Jahrhundert als Eigenschaft des Gehirns. Der Erste, der dies klar ausdrückte, war der Psychologe und Physiologe Ewald Hering, der als Zeitgenosse von Helmholtz den Physikern vorhielt, dass sie bei ihren Farbmischungen zu wenig an die Empfindungen dachten, die beim Sehen auftreten. Natürlich bestritt er nicht, dass ein Physiker grünes und rotes Licht so mischen kann, dass dabei Gelb gesehen wird. Hering bestritt nur, dass das Gehirn Gelb als Mischfarbe wahrnehmen würde. Gelb sei eine reine Empfindung.

Tatsächlich kann die moderne Physiologie nachweisen, dass eher Hering der wissenschaftlichen Wahrheit näher gekommen ist. Die drei bislang bekannten Zapfen werden so mit Nervenzellen (Ganglien) zusammengeschaltet, dass das Gehirn tatsächlich neben Rot, Grün und Blau auch Gelb in einem gesonderten Nervenkanal geliefert bekommt. Auf Details dieser komplizierten Farbverarbeitung muss hier verzichtet werden, es lässt sich aber noch der Punkt ansprechen, dass die jetzt nachgewiesenen möglichen vier Farben des Auges keineswegs mit den vier Farben übereinstimmen, die dem Gehirn über die erwähnten Kanäle zuströmen. Überhaupt lässt sich zum Leidwesen aller Theoretiker konstatieren, dass da, wo das Gehirn bzw. die Nervenzellen, die aus dem Auge in die Hirnrinde zu den Sehzentren führen, am empfindlichsten reagieren, das Auge gerade eher schlapp und träge reagiert. Die drei bzw. vier »Farben« der Netzhautzellen und die vier »Farben« der Ganglienzellen haben kaum Gemeinsamkeiten. Sie wachen eifersüchtig darüber, dass jede ihre eigene optimale Wellenlänge kontrolliert – mit der seltsamen Folge, dass sich die Frage, wie viele elementare Farben es gibt, immer schlechter beantworten lässt, je genauer man hinzuschauen lernt. Man muss sich eher wundern, wie Menschen überhaupt auf die Idee gekommen sind, dass man sie zählen kann.

# Gegenfarben

Wundern muss man sich auch über eine andere Entdeckung, die der Wissenschaft in jüngster Zeit in Hinblick auf das Farbensehen gelungen ist. Sie hat mit der Frage zu tun, wie im Auge die Zapfen verteilt sind, die für ihre jeweilige Farbe zuständig sind. Kann man zum Beispiel ermitteln, wie der Anteil von rot- und grünempfindlichen Zapfen in verschiedenen Personen ist?

Die letzte Frage enthält deswegen ihren besonderen Sinn, weil in der Zuweisung der Zapfenfarben das Gelb fehlt, das vielen Menschen zwar wie eine reine Empfindung erscheint, das im Auge aber offenbar gemischt wird, und zwar aus Rot und Grün, so merkwürdig dies beim ersten Hören klingt. Der naive gesunde Menschenverstand würde sich nun vorstellen, dass bei der Bildung der Augen darauf geachtet wird, die relativen Anteile von rot- und grünempfindlichen Zapfen konstant anzulegen, da wir alle doch die gleichen Mischungen aus den beiden Farben als Gelb wahrnehmen. Doch die peniblen Nachforschungen der Wissenschaft zeigen etwas völlig anderes, nämlich ein extrem variables Verhältnis der beiden Zapfen. Damit liegt sofort die nächste Aufgabe der Wissenschaftler auf der Hand, nämlich herauszufinden, an welcher Stelle diese Zufälligkeit in der Retina ausgeglichen und für farbliche Ordnung gesorgt wird.

Der Verdacht liegt nahe, dass dies auf der nächsten Ebene der Verarbeitung geschieht, also in den Ganglien, die vom Auge aus ins Gehirn ziehen und in Abhängigkeit vom Lichteinfall in ihren rezeptiven Feldern feuern. Dieses Konzept, das ohne Blick auf die Farben eingeführt worden ist, hält tatsächlich auch dann, wenn die Welt bunt wird, und darüber hinaus nutzt die Natur die einfachste Form aus –

allerdings mit einem Twist. Die Ganglien, die für die Vermittlung bzw. Erzeugung von Farben zuständig sind, reagieren nicht auf das Schwarz-Weiß-Duo »An« oder »Aus«,
sondern auf ein Farbenduo – »Rot« oder »Grün« bzw.
»Blau« oder »Gelb«. Die Wissenschaftler sprechen von Gegenfarbkanälen, die ins Gehirn ziehen. Sie liefern die physiologische Grundlage für die Existenz von Komplementär-
farben, die bekanntlich dadurch definiert sind, dass ihre
Mischung als Licht neutral weiß wirkt. Auch wird in diesem Zusammenhang klar, warum es zwar eine Farbe geben
kann, die zugleich Rot und Gelb oder Grün und Blau sein
kann, aber keine, die zugleich Rot und Grün oder Blau und
Gelb sein kann. Der Maler Philipp Otto Runge hat diesen
Sachverhalt im frühen 19. Jahrhundert so ausgedrückt:
»Wenn man sich ein bläuliches Orange, ein rötliches Grün
oder ein gelbliches Violett denken will, wird einem zu Mu-
the wie bei einem südwestlichen Nordwind.«
   Die Gegenfarbkanäle erlauben weiter die Erklärung von
sogenannten Nachbildern, die etwa entstehen, wenn jemand einen roten Kreis länger mit den Augen fixiert und
anschließend auf eine weiße Fläche schaut. Er wird dann
dort etwas sehen, das gar nicht da ist, nämlich einen grünen
Kreis – dieselbe Form in der »opponenten« (komplementä-
ren) Farbe. Diese Erscheinung wird verständlich, wenn man
annimmt, dass beim konzentrierten Blicken auf das Rot viele Rot-Grün-Ganglien aktiv werden, deren einfarbige Über-
ladung plötzlich abbricht und dem mitschwingenden Grün
Gelegenheit gibt, sich zu zeigen.

Allerdings – die Aktivität in den Ganglienzellen bringt das Farbensehen selbst noch nicht hervor. Dies geschieht in Bereichen, die tiefer im Inneren des Gehirns liegen und im Übrigen auch durch Nachbilder nachgewiesen werden können. In einem Experiment kann man verschiedenfarbige Flächen, die nebeneinanderliegen, so anstrahlen, dass selbst ein als »grün« erkannter Bereich mehr Licht der Sorte zurückwirft, das seiner Wellenlänge nach als »rot« bezeichnet würde. Farbwahrnehmung hat offenbar weniger mit einzelnen Lichtwirkungen und mehr mit dem Vergleich benachbarter Regionen zu tun, was aber hier nur angemerkt wird.

Wenn nun die gerade beschriebene grüne Fläche erst einige Sekunden lang fixiert und dann eine weiße Wand betrachtet wird, sieht man zwar das erwartete Nachbild – nämlich etwas Rotes –, aber diesmal kann die Erklärung nicht mit den üblichen Gegenfarbkanälen erfolgen. Schließlich ging von der betrachteten Fläche mehr von dem Licht aus, das durch den Rot-Grün-Kanal geleitet wird. Das Nachbild kann erst entstehen, nachdem die Farbe selbst vom Gehirn erzeugt worden ist, und inzwischen weiß die Wissenschaft auch, wo dies passiert.

Es ist die Region der Sehrinde, die von Anatomen mit der Bezeichnung V4 versehen worden ist. Hier lassen sich tatsächlich Zellen nachweisen, die nicht schon dann feuern, wenn von einem Gegenstand Licht mit der Wellenlänge ausgeht, die Physiker der Farbe Rot zuweisen. Hier gibt es Zellen, die erst dann aktiv werden, wenn wir auf die Frage, welche Farbe die Fläche hat, mit »Rot« antworten. Es gibt also Neuronen im Gehirn, die das Vorhandensein einer bestimmten Farbe signalisieren, was man auch so ausdrücken kann, dass die Aktivität dieser farbcodierenden Nervenzellen die Wahrnehmung der Farbe nicht auslöst oder verursacht, sondern dass sie die Wahrnehmung ist.

## Farben bei Tieren

Der Vorteil der Genetik besteht darin, dass sie umfassend einsetzbar ist, wenn sie einmal gegriffen hat. Wenn das genetische Material, das zur Herstellung der lichtempfindlichen Proteine benutzt wird, in einem Fall – etwa in menschlichen Zellen – bekannt ist, kann man ganz leicht nachsehen, ob es auch bei anderen Organismen angelegt ist. Wer also wissen will, ob Tiere Farben sehen und wie viele Töne sie dabei unterscheiden können, braucht jetzt keine komplizierten Versuche mehr zu machen, bei denen geprüft wird, ob etwa Affen Rot und Grün unterscheiden können. Man schaut erst einmal bei den Genen nach und ermittelt, welche für das Farbensehen relevante Erbinformation dort zu finden ist. Als dies getan wurde, kamen einige Überraschungen zutage, zum Beispiel die, dass Hunde und Kühe nur zwei Zapfentypen haben und rotgrünblind sind. Dies trifft natürlich auch für die Stiere zu, was zu der deprimierenden Einsicht führt, dass das rote Tuch, mit dem ein Torero in der Stierkampfarena herumfuchtelt, nur eine schöne Schau voll wirbelnder Dynamik ist und auch grün sein könnte.

Die Genetik erlaubt es durch die genaue Analyse der Unterschiede zwischen den Genen für farbspezifische Rhodopsine auch, den Zeitpunkt abzuschätzen, an dem die beiden Gene begannen, sich auseinanderzuentwickeln. Die Wissenschaft geht inzwischen davon aus, dass es ganz früher einmal einen einzigen Urzapfen gegeben hat, aus dem die drei Farbempfänger entstanden sind, und zwar durch Variationen in dem Gen für das ursprüngliche Rhodopsin, das dem Urzapfen half, Licht zu sammeln. Dabei stellt sich zum Beispiel heraus, dass erst die Fähigkeit aufgekommen ist, Blau wahrzunehmen, der dann die Aufspaltung in der Rot- und Grünempfindlichkeit folgte – und zwar vor rund 35 Millionen Jahren, um durch eine Zahl eine Vorstellung von der Länge der evolutionär wichtigen Zeiten zu bekommen.

Die Biologen können zwar den Zeitraum, den eine Variation präsent ist, im genetischen Experiment einkreisen. Sie müssen aber spekulieren, wenn sie gefragt werden, worin ihr Nutzen liegt und wie und weshalb die Evolution für ihre Selektion gesorgt hat. Die Unterscheidung von Rot und Grün scheint auf den ersten Blick sehr sinnvoll zu sein, hilft sie doch, rasch die reifen Früchte im Gebüsch zu orten, die sich leichter als Blätter verdauen lassen und deren Verzehr mehr Energie freisetzt, was auf jeden Fall als Vorteil angesehen werden muss. Damit darf die Vermutung gewagt werden, dass die Entwicklung des Farbensehens mit drei Zapfentypen (und den dazugehörigen Genen) den Weg für die Höherentwicklung des Lebens mit bereitet hat, was durch die Beobachtung plausibel wirkt, dass unter allen Säugetieren nur die Primaten drei Zapfentypen aufweisen. Und in Südamerika sind selbst die meisten Affen wie die Stiere, vor deren Augen in Spanien die Toreros mit einem Tuch herumwedeln, nämlich rotgrünblind.

Natürlich ist die Ernährung wichtig für ein Lebewesen, aber in Hinblick auf die Evolution gibt es etwas, das noch wichtiger ist, nämlich die Fähigkeit, einen Partner für die Erzeugung von Nachwuchs zu finden. Unter strikt biologischen Bedingungen kommt es bei der Paarung weniger auf den Spaß und mehr auf den Erfolg an, was dem Argument Plausibilität verleiht, dass die – offenkundig stets bereiten – Männer möglichst den Moment abpassen wollen, in dem die anvisierte Dame ihrer Wahl empfängnisbereit ist. Wie können sie das wissen, wenn sie es nicht gesagt bekommen? Die Natur hält eine ganze Palette von Signalen bereit, zu denen Duftstoffe ebenso gehören wie Lichtreize. Die Farben des Fleisches oder der Haut spielen dabei ihre eigene Rolle, und zwar besonders deutlich durch das Rot, weil sich infolge von durchbluteten Organen die entsprechenden Rötungen auf der Haut ergeben. An dieser Stelle sollen sie einfach nur gefallen und Lust zum weiteren Nachsinnen ergeben.

## Exkurs: Das System der Nerven

Wenn es den Signalen, die zu den Sinnesempfindungen gehören und führen, gelungen ist, ihre Information dort ankommen zu lassen, wo das dazugehörige Erleben ermöglicht und ausgelöst wird, nämlich im Gehirn, sind sie selbst verschwunden. In der Zellmasse unter der Schädeldecke ist es dunkel, geht es lautlos zu, zeigen sich keine Duftstoffe, gibt es nichts mit Geschmack und wenig Fühlbares. Im Gehirn agieren allein Nervenzellen, und die Sinneseindrücke kommen durch deren Aktivität und Verteilung zustande. Das heißt, was Menschen sehen, fühlen, riechen, schmecken, hören und sonst empfinden, zeigt sich im Gehirn als elektrische Tätigkeit von Neuronen an verschiedenen Orten. Wobei das, was die Nervenzellen können, sehr übersichtlich ist und einfach darin besteht, dass sie winzigen Stromimpulsen ermöglichen, an ihnen entlangzulaufen, und was für das Endergebnis vor allem zählt, ist die Häufigkeit dieser Elektroaktivität. Die Wissenschaft spricht davon, dass Nervenzellen mit einer messbaren Frequenz feuern, und sie stellt fest, dass die Leistungen des Gehirns durch diese Frequenzen bestimmt werden. Mit einem Fachwort heißt es dann, die Information im Kopf besteht aus der Verteilung der Frequenzen von Neuronen an bestimmten (ebenfalls feststellbaren) Positionen. Es gilt also, mehr über die Nervenzellen und ihre Aktivität zu wissen, auf welche die ganze Sinneswahrnehmung in Mensch und Tier am erlebten Ende hinausläuft.

## Die Neuronen

Wie jeder Körperteil besteht auch das Gehirn aus Zellen, aber so einfach und übersichtlich dieser Satz etwa bei der Beschreibung der Leber oder der Haut benutzt werden kann, so trickreich und nuanciert geht es unter der Schädeldecke zu. Zunächst einmal gibt es dort sehr viele Nervenzellen, die auch Neuronen heißen, was genauer bedeutet, dass man in einem Kubikmillimeter – also in einem Gebiet von der Größe eines Stecknadelkopfs – im Durchschnitt zwischen 20.000 und 100.000 von ihnen findet. Sie liegen aber zumeist nicht als rundliche Gebilde vor, die brav aufgereiht werden und ein gewöhnliches Gewebe ergeben, wie es etwa ein Muskel ist. Die Nervenzellen unseres Denkorgans weisen einen wunderbaren Formenreichtum auf (siehe Abbildung 15), und sie zeigen dabei die Neugierde und Kontaktfreude, die wir kategorisch korrekt natürlich nur ihrem Träger zugestehen können.

Sie bleiben nicht gern allein, wie es von sozial gesinnten Menschen her bekannt ist. Vielmehr strecken sich Neuronen und durchqueren ein dichtes Gedränge aus ihresgleichen, um schließlich irgendwo in der zellulären Welt des Kopfes zahlreiche Anknüpfungen einzugehen, wobei »zahlreich« bedeutet, dass die 100.000 oder so Neuronen des oben erwähnten Kubikmillimeters fast eine Milliarde (!) Kontakte zustande bringen. Genauer müsste man sagen, dass die Nervenzellen Milliarden Verbindungen »eingehen« oder »aufnehmen«, denn geknüpft und geknotet wird da gar nichts. Die entscheidenden Berührungen kommen nämlich nicht mechanisch und nur äußerst behutsam zustande, es wird stets eine kleine Distanz bewahrt. An der entscheidenden Stelle bleibt tatsächlich ein winziger Spalt zwischen den beiden Zellen frei, der aber nicht leer ist, sondern im Gegenteil eher mit einer molekularen Wundertüte vergleichbar ist, die zudem über eine zauberhafte Dynamik verfügt (siehe Kasten »Synapse« und Abbildung 16).

Wenn man sagt, dass Nervenzellen aktiv sind, dann meint man, dass es Bewegungen von elektrisch geladenen Atomen (Ionen) in ihnen gibt, die sie weiterleiten. Damit solch ein Nervenstrom, der immer in eine Richtung fließt, das ganze Nervensystem durcheilen kann, muss er von dem erregten Neuron auf ein anderes übertragen werden. Diese Überleitung oder Überführung geschieht an den ganz besonderen und höchst raffiniert ausgestatteten Kontaktstellen, die im Fachjargon als Synapsen bezeichnet werden. An ihnen können Wissenschaftler viele Mechanismen erkunden, die sich im Gehirn abspielen und von der Wirkungsweise vieler Psychopharmaka bis zum Gedächtnis eines Menschen reichen, wie an jeweils geeigneter Stelle berichtet wird.

---

### Synapsen

Der Ausdruck »Synapse« weist zwar auf ein Zusammenwirken – auf Synergien – hin, erfasst aber vor allem einen Spalt – den synaptischen Spalt – zwischen Neuronen, die also der Struktur nach säuberlich getrennt, aber der Funktion nach raffiniert verwoben sind. Durch die Richtung des

Lesen Sie bitte weiter auf S. 90

MOTONEURON
AUS DEM RÜCKENMARK

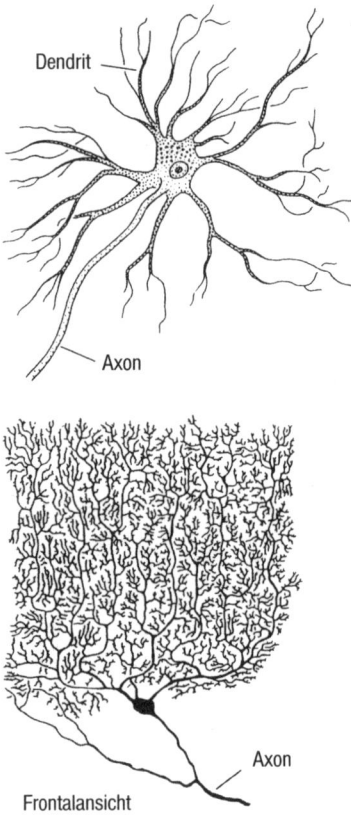

PURKINJEZELLE

Einige Neuronen aus dem Nervensystem eines Menschen. Diese Zellen lassen sich in einen Zellkörper (Soma) einteilen, der etwas Buschwerk – die Dendriten – um sich bildet.
Aus dem Zellkörper tritt ein Hauptstrang aus, der Axon heißt und meterlang werden kann. Er verzweigt sich am Ende. Diese Verästelungen

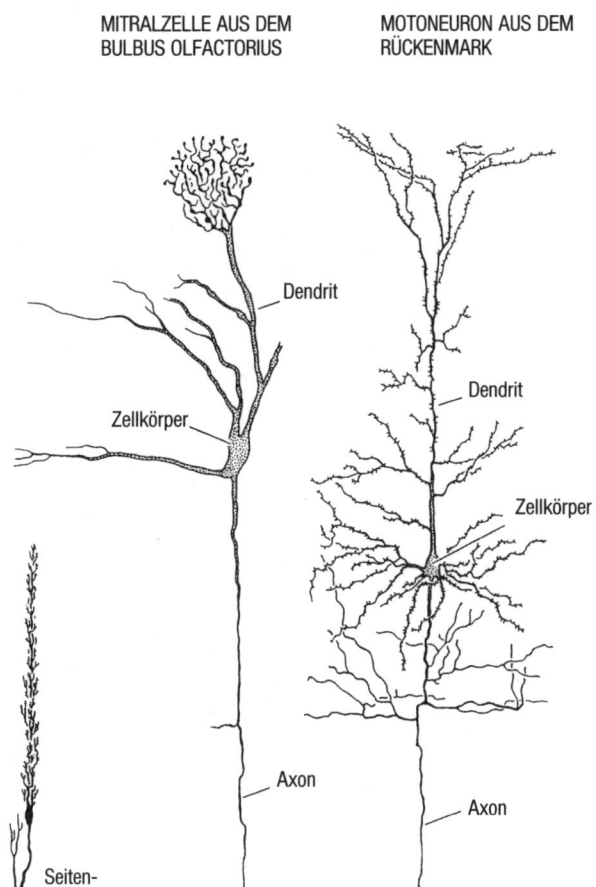

MITRALZELLE AUS DEM
BULBUS OLFACTORIUS

MOTONEURON AUS DEM
RÜCKENMARK

Dendrit

Dendrit

Zellkörper

Zellkörper

Axon

Axon

Seiten-
ansicht

nehmen Kontakt mit anderen Neuronen auf, und zwar über sogenannte Synapsen, wie in Abb. 16 gezeigt. Eine Nervenerregung trifft gewöhnlich in einem Zellkörper ein und wird dann entlang des Axons weiter an sein Ziel geschickt, ein nächstes Neuron.

Nervenimpulses lässt sich unterscheiden, welche Seite des Spaltes vorher (»prä«) und welche nachher (»post«) erreicht wird, und mit diesen beiden Vorsilben kann man sagen, dass Neuronen auf der präsynaptischen Seite chemische Stoffe freisetzen, die aufgrund ihrer Aufgabe, Nervensignale zwischen Neuronen zu übertragen, Neurotransmitter heißen. Sie durchqueren anschließend den Spalt und lassen sich zuletzt auf der postsynaptischen Seite von Proteinen einfangen, die als ihre Rezeptoren dienen und auf die Ankunft der Neurotransmitter reagieren. Dabei bestehen zwei Möglichkeiten. Im einsichtigsten Fall sorgt die Bindung des Neurotransmitters dafür, dass jetzt hinter der Synapse die elektrische Erregung erneut beginnt und der Nervenimpuls damit weitergeleitet wird. Es gibt aber auch Neurotransmitter, die das Gegenteil bewirken und zu einer Hemmung (Inhibition) führen.

Was heißt das? Es wurde erwähnt, dass individuelle Neuronen eine Riesenmenge von Synapsen tragen. Sie bekommen so eine Fülle von erregenden und/oder hemmenden Signalen, die sie zusammenfassen (integrieren) müssen, um geeignet zu reagieren, also entweder stumm zu bleiben oder ein elektrisches Signal weiterzugeben. Diese Leistung der Integration kann die Wissenschaft derzeit nur bestaunen. Sie ist froh, einzelne Neurotransmitter und ihre Rezeptoren zu kennen (siehe Tabelle 2).

Den Namen Synapsen muss man sich unbedingt merken, denn in der geeigneten Bildung von Synapsen steckt die große Aufgabe des heranwachsenden Gehirns – und nicht nur das. Schon sehr bald finden sich im Kopf sehr viel mehr Synapsen als Zellen, und der Eindruck lässt sich nicht vermeiden, dass es zuletzt vor allem auf die Kontaktstellen ankommt. Die Nervenzellen wirken mehr wie die materielle Verbindung zwischen Synapsen und weniger als eigenständige Einheit, die wir gewöhnlich in ihnen sehen. Der Gedanke ist nicht von der Hand zu weisen, dass es weniger die Neuronen sind, die als Einheit des Denkorgans infrage kommen – so wie Haarzellen als Einheit für die natürliche

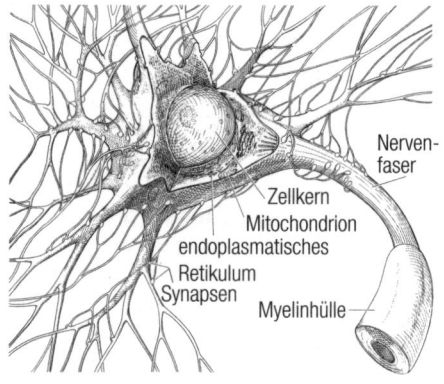

Nerven-
faser

Zellkern

Mitochondrion

endoplasmatisches

Retikulum

Synapsen

Myelinhülle

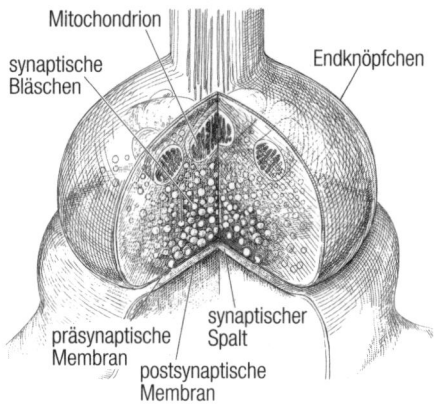

Mitochondrion

synaptische
Bläschen

Endknöpfchen

präsynaptische
Membran

synaptischer
Spalt

postsynaptische
Membran

Nervenzellen nehmen Kontakt über eine Synapse auf (oben). Kurz bevor der Ausläufer eines Neurons – sein Axon – ein zweites berührt, stoppt er ab und verdickt sich. An diesem Ende sammeln sich in seinem Inneren winzige Kügelchen (Vesikel) voller Stoffe, die nach dem Eintreffen eines Signals ausgeschüttet werden, den Spalt zwischen den Neuronen schwimmend überwinden und dort für die Weitergabe des Nervensignals sorgen. Es ist leicht einzusehen, warum Wissenschaftler diese Stoffe Neurotransmitter nennen. Es ist aber schwer zu verstehen, warum die Natur diese Konstruktion mit Spalt hervorgebracht hat. Sicher ist nur, dass sie hervorragend funktioniert (unten).

Kopftracht dienen –, sondern dass es vielmehr die Synapsen sind, die als Grundbaustein betrachten soll, wer weniger verstehen will, was sich auf, und mehr erfassen will, was sich in einem Kopf abspielt. Die Synapsen sind so etwas wie die dynamische Einheit eines Organs, das alles Mögliche ist, nur nicht steif und statisch, und es lohnt sich sicher, vorsichtig vorzugehen, wenn wir uns ihnen nähern – was weiter unten geschehen wird, wenn wir versuchen, einem Signal zu folgen, das über solch eine Kontaktstelle laufen will.

Übrigens: An einer erregenden Synapse wird ein physikalisches Signal (der einlaufende Stromfluss) erst in ein chemisches Signal (die wandernden Neurotransmitter) und dann erneut in ein physikalisches Signal (die weiterlaufende elektrische Erregung) verwandelt. Die Nervenimpulse werden durch ihre Häufigkeit (Frequenz) bestimmt, was die Dimension der Zeit ins Spiel bringt. Der Neurotransmitter wirkt durch seine Konzentration am richtigen Ort, was die Dimension des Raums ins Spiel bringt. Wer Sinn für das Musische oder Poetische hat, kann an dieser Stelle hinzufügen, dass an der Synapse passiert, was Richard Wagner in seinem *Parzifal* verkünden lässt, wenn es heißt, »hier wird die Zeit zum Raum«. Gemeint ist, dass die zeitliche Variation des elektrischen Stroms in den Zellen zu einer räumlichen Variation der Konzentration von Überträgerstoffen im synaptischen Spalt wird. Natürlich wird anschließend wieder der Raum zur Zeit, was uns in die Wirklichkeit zurückbringt.

Die Nervenzellen gehören wahrscheinlich zu den kompliziertesten Hervorbringungen der Natur auf dieser Ebene, die hochgradig geschützt werden müssen, um so zu funktionieren, wie es das Leben braucht. Und tatsächlich sind die meisten von ihnen in eine Hülle eingepackt, die – was auch sonst? – aus Proteinen namens Myelin bestehen, die sich zu einer Schicht zusammenlegen können und die Nerven umschließen (siehe Kasten »Myelin«). Der sich im Alltag ausdrückende gesunde Menschenverstand ahnt die Notwendigkeit einer Schutzschicht, wie sich an dem Ausdruck ablesen lässt, der oft ins Spiel kommt, nicht nur, wenn es um den Kopf und seine Auswirkungen auf den Körper geht. Gemeint ist die Rede von den Nerven, die sehr schnell blank liegen können – also schutzlos sind –, wenn man extrem nervös ist, oder die man im Zaum halten soll, wenn es laut und dramatisch wird.

## Myelin

Wie alle Zellen des Körpers weisen auch die Neuronen eine zarte Hülle auf, die in der Fachsprache der Wissenschaft Membran heißt. Sie legt die Abgrenzung einer Zelle fest, dient aber zugleich auch dazu, alle nötigen Stoffe (Nahrungsmoleküle, Hormone) einzulassen. Die Membran von Neuronen stellt nun zusätzlich den Schauplatz dar, auf dem sich die elektrische Erregung ausbreitet, was den Gedanken nahelegt, dass kein Aufwand übertrieben ist, um die Nervenhüllen zu schützen (sonst könnten wir diesen Gedanken auch nicht haben). Tatsächlich werden Neuronen eigens umwickelt, und zwar so, wie es ein Arzt macht, der einen Arm mit einer Bandage versieht. Im Fall der Neuronen besteht der Arzt aus anderen Zellen des Nervensystems – sie heißen Gliazellen –, und der Verband setzt sich aus dem Protein mit Namen Myelin zusammen. Die entstehende Myelinumhüllung wirkt als eine Art Isolierschicht und erlaubt den umwickelten Neuronen die rasche Weiterleitung des Nervenimpulses. Was so phantastisch wirkt, ist ebenso phantastisch entstanden, und die Biowissenschaftler feiern die Bildung der Myelinschicht als eines der spektakulärsten Beispiele für die Möglichkeiten, die koordinierte Wechselwirkungen zwischen Zellen hervorbringen können. Zum einen stülpt eine Gliazelle ihre eigene Membran um ein Neuron herum, und zum Zweiten tut sie dies nicht immer gleich oft, sondern in Abhängigkeit von der Dicke des zu umwickelnden Neurons. Woher ist diese Größe der Gliazelle bekannt? Und wie wird der gesamte Wickelvorgang kontrolliert? Selbst an dieser dem Laien eher marginal scheinenden Stelle des Nervensystems stellen sich der Wissenschaft eine derartige Fülle von unbeantworteten Fragen (Wie finden die Gliazellen ihr Ziel? Wie wandern sie dorthin? Wie bewegen sie ihre Membran?), dass man nur über den Mut staunen kann, die wirklich schwierigen – etwa nach dem Mechanismus des Gedächtnisses – auch noch anzugehen.

Natürlich liegt in der Wirklichkeit des Nervensystems trotz aller zellulären Aktivität nichts blank, aber jetzt werden vielleicht die Leser nervös, da das Wort Nerv hintereinander in drei Wendungen erschienen ist – als Nervenzelle, als Nerv und als Nervensystem. Sie alle haben in aufsteigender Reihenfolge ihre Berechtigung. Nervenzellen (Neuronen) lagern sich vierfach in einer Art Kabel zu einem Nervenstrang zusammen, der meistens nur kurz »Nerv« gerufen wird; und Neuronen und Nerven ergeben zusammen ein weit verzweigtes Netzwerk, wie wir mit einem neuzeitlichen Modewort sagen würden, hätte man sich nicht schon länger auf das etwas hausbacken daherkommende und nichtssagend klingende »Nervensystem« geeinigt.

Der Ausdruck »System« weist zumeist auf eine enge Zusammengehörigkeit und ein entsprechend kooperatives Wirken von Einzelteilen hin, die in dem Fall als die vielgestaltigen Neuronen identifiziert werden. Das ist unter dem bisherigen Aspekt höchst verständlich, hat die Wissenschaft doch die Zellen als erforschbare Schicht des Lebens entdeckt. Anatomisch macht man damit auch garantiert keinen Fehler, und doch gibt es eine andere Möglichkeit, die wir noch kennenlernen werden, wenn wir weiter ins Gehirn vorgedrungen sind.

Außerhalb der Wissenschaft redet man meistens von Nerven. Sie müssen irgendetwas zwischen einzelnen Zellen und einem Organ sein, aber was sind sie genau? Sie müssen eine wichtige Rolle spielen, denn immerhin können sich Nerven zu einem System zusammenfinden, wobei vielleicht aus der Schulzeit noch erinnert wird, dass es im menschlichen Körper mehrere Nervensysteme gibt. Eines davon nennen die Wissenschaftler »zentral«, und der Ort des Zen-

tralen Nervensystems – groß geschrieben und ZNS abgekürzt – ist der Kopf.

Die Ausdrücke Zentrales Nervensystem und Gehirn meinen für unser Verständnis dasselbe, wobei die Verwendung
des längeren Ausdrucks die Vorstellung einer Zentrale mit-
schwingen lässt, von der Lebensvorgänge gesteuert werden,
was keineswegs garantiert ist und immer wieder überprüft
werden muss. Wer ZNS sagt, weiß darüber hinaus sofort,
dass es auch ein peripheres Nervensystem (PNS) gibt, und
beide wirken zusammen, wenn wir die Welt erfassen und
geeignet in ihr reagieren wollen (siehe Abbildung 17).

Ein Nervensystem besteht (natürlich) aus Nervenzellen,
die wie erwähnt auch – mit griechischem Klang – Neuronen
heißen, aber es besteht nicht nur aus ihnen. Im Gehirn lassen sich zwei Zelltypen unterscheiden, denen von der Wissenschaft unterschiedliche Aufgaben zugewiesen werden
(ohne dass sie damit vollständig erfasst wären). Neben den
Neuronen finden sich sogenannte Gliazellen, deren griechi-
scher Ursprung – *glia* heißt Leim – unmittelbar erkennen
lässt, die Lösung welcher Aufgabe ihnen zugewiesen wor-

den ist, nämlich das Bindegewebe des Gehirns abzugeben. Tatsächlich gelten Gliazellen als Stützzellen, die viele Jahrzehnte hindurch bestenfalls nebenbei erwähnt wurden, wenn es um die Leistungen unseres Organs unter der Schädeldecke ging – und dies, obwohl man dem zellulären Hirnleim zusätzlich zugestand, die Neuronen zu versorgen, zu säubern und in Form zu halten, und obwohl man wusste, dass es viel mehr Glia- als Nervenzellen gibt.

Wenn man sich das Gehirn als Schauplatz einer großen Sportveranstaltung – etwa der Olympischen Spiele – denkt, dann wirken die Gliazellen wie Funktionäre oder Trainer, die im zeitlichen und räumlichen Hintergrund wirken. Von ihnen gibt es viel mehr als all die Läufer, Springer und Werfer zusammen, was es für einen Außenstehenden immer leicht macht zu meckern, wenn etwas schiefläuft. Keine Frage, man braucht Funktionäre und Trainer, aber im Rampenlicht stehen mehr die Sportler selbst. Die Reporter sollen sie nur zum Reden und Rennen bringen, und in der Wissenschaft ist es genauso. Die Biologen stellen ihre Fragen an die Nervenzellen, was in die Sprache der Forschung übersetzt heißt, dass man in der Vergangenheit nahezu ausschließlich mit ihnen experimentiert hat, was im Übrigen schon trickreich genug war. Inzwischen nimmt aber der Respekt der Forscher vor den Gliazellen zu, und es ist nicht zu übersehen, dass sie selbst einige der Eigenschaften haben, die Forscher bislang als Besonderheit der Neuronen betrachtet haben. Wenn sich zum Beispiel die als Astrozyten bekannten Gliazellen um Neuronen gruppieren, können sie die Elektrizität in der Umgebung der Neuronen derart beeinflussen, dass sich deren Verhalten ändert – und mit ihm das Treiben seines Trägers. Die eben angedeutete Kooperation erinnert erneut an das Bild des Sports, wo ein Star kaum noch ohne seinen Trainer- und Orthopädenstab auskommt. Es gilt, diese jüngeren Einsichten der Hirnforscher im Auge zu behalten, jedenfalls bis bekannt ist, in welcher Sportart die Nervenzellen antreten.

Also: Welche Eigenschaften von Neuronen sind oben gemeint? Es geht um ihre Fähigkeit, erregt zu sein, was genauer heißt, elektrisch erregt zu sein. Nervenzellen sind von der Natur so gebildet, dass sie entweder in Ruhe oder aktiv sein können, und wenn der zweite Fall eintritt, sagt man auch, dass sie feuern (siehe Kasten »Aktionspotenzial«). Sie feuern winzige elektrische Impulse ab, die an ihrem gestreckten Körper entlangziehen, von denen wir noch sehr viel mehr hören werden, da sich das wissenschaftliche Verständnis des Gehirns auf sie konzentriert. Dies heißt genauer, es konzentriert sich auf die Häufigkeit (Frequenz), mit der Nervenzellen feuern, und zwar aus einem ganz einfachen Grund. Das Verrückte besteht nämlich darin, dass die bunte Welt, die wir vor Augen haben und mit ihrer Hilfe und anderen Sinnenorganen in uns aufnehmen, dass diese umfassende Vielfalt zuletzt zu einer farblosen Einfalt wird. Im Kopf – so sieht und sagt es die Wissenschaft – gibt es Neuronen, die zum einen nichts anderes tun, als vornehmlich elektrische Impulse abzugeben (feuern), und das zum anderen nur in immer gleicher Stärke vollziehen und lediglich die Häufigkeit dieser Aktion variieren können.

---

### Aktionspotenzial

Die elektrische Erregung einer Nervenzelle breitet sich entlang ihrer Ausläufer aus, die Axone heißen. Ein Neuron verlässt sich dabei auf Proteine, die entlang ihrer Zellmembran aufgereiht sind und eins nach dem anderen aktiv (durchlässig) werden. Ihre Aufgabe besteht darin, elektrisch geladene Atome (Ionen) einer bestimmten Sorte – Natrium oder Kalium –

durch die Membran zu schleusen, weshalb sie auch als Kanalproteine bezeichnet werden (siehe Kasten »Kanalproteine«).
Merkwürdigerweise verlaufen diese winzigen Ionenströme,
die sowohl in die Zelle hinein als auch aus ihr heraus gelangen, gerade senkrecht zu der Richtung, in der sich die gesamte
Erregung der Zelle ausbreitet, die einer Synapse entgegeneilt.
Somit fließen zwar winzige Ströme in einem Neuron, was
aber weitergeleitet wird, ist die elektrische Erregung, die sie
repräsentieren.

Was vielleicht für den Laien höchst komplex wirkt, stellt in
der wissenschaftlichen Wirklichkeit eine ungeheuer erfolgrei-
che Reduzierung dar, über die selbst Descartes gestaunt hätte.
Schließlich gelingt mit den Kanalproteinen etwas unglaublich
Wunderbares, nämlich die ganzen komplizierten Nerven-
leitungen, die zu unserer geistigen Tätigkeit führen, auf die
Bewegung einiger weniger Ionen zurückzuführen (Natrium,
Kalium), die durch molekulare Kanäle strömen (und anschließend zurückgepumpt werden). Die Reduzierung erfolgt über
die molekulare bis auf die atomare Ebene hinunter, und dieser
Erfolg der Biowissenschaften gibt Gelegenheit, an den Satz
von Albert Einstein zu erinnern, demzufolge das eigentlich
Unbegreifliche an der Natur ihre Begreiflichkeit ist – und zudem gerade da, wo das Begreifen gelingen soll.

Dies klingt zwar schon verrückt genug, aber die Schwierigkeiten fangen damit erst an. Selbst die scheinbar harmlos
klingende Frage, wo denn genau die Information steckt, die
eine Nervenzelle in dem Bündel von Aktivitätsspitzen mit
sich bringt, macht den Wissenschaftlern Schwierigkeiten.
Wer sie stellt, bekommt üblicherweise als Antwort, dass die
durchschnittliche Rate an Impulsen maßgeblich ist und das
genaue Timing keine Rolle spielt. Irgendwie scheint ja auch
alles immer wieder zu verrauschen, und zudem weisen
die Neuronen eine nicht geringe Grundaktivität auf, was
konkret bedeutet, dass es häufiger zu spontanen Stromflüs-
sen – Aktionspotenzialen – im Nervensystem kommt. Das

ganze Netzwerk steht unter Hochspannung und hält uns einsatzbereit. Doch damit erschöpft sich nicht seine Qualität, denn Neuronen sind auch in der Lage, das ihnen zugeleitete Muster an Aktionspotenzialen exakt zu reproduzieren. Neuronen sind nicht nur aktivierbar – vermittelt über Synapsen –, sie übernehmen auch den genauen Rhythmus der elektrischen Erregung, der ihnen zufließt. Damit lässt sich vielleicht eines Tages vorstellen, dass die Aktivität einer Nervenzelle mit einem Etikett versehen ist, das verrät, aus welcher Ecke des Gehirns die Nachricht – das Signal – zu ihr gekommen ist.

---

### Kanalproteine

Nervenleitung gelingt nur, wenn Natrium und Kalium in die Neuronen ein- und ausströmen können. Sie tun dies in geladener Form – also als Ionen, wie man sagt –, und zu den inzwischen in feinstem Detail untersuchten Bestandteilen von Zellen gehören die hierfür zuständigen Ionenkanäle. Der Natriumkanal etwa verfügt über eine Stelle, mit der er das Natrium an sich bindet, und er setzt andere Teile seiner Konfiguration ein, um anschließend den Ionenstrom in die Zelle zuzulassen. Insgesamt zeigt sich ein höchst komplizierter Mechanismus, der aber ebenso höchst verlässlich funktioniert. Wenn er ausfällt, spüren wir das sofort – entweder als Lähmung oder als Vergiftung, die zum Tode führen kann. Die Natur hat eine Menge Stoffe hervorgebracht, denen es gelingt, Natriumkanäle zu versperren. Am bekanntesten sind die Toxine des Skorpions oder etwa die aus dem japanischen Fugu-Fisch.

---

Mehr oder weniger rasch tickende Nervenzellen – das ist (fast) alles, was man im ersten wissenschaftlichen Zugriff im Gehirn auf der Ebene der Zellen findet, und das einzig Tröstende an dieser eher ernüchternden Beobachtung besteht darin, dass damit die bekannte Bemerkung aus dem Alltag eine wohldefinierte Basis findet, in der es heißt, dass jemand nicht richtig tickt. In diesem Fall geraten die neuronalen Impulse durcheinander, wobei sich die unpassende Aktivität einer Zelle gewöhnlich erst dann bemerkbar macht, wenn sie Teil eines ganzen Bündels von Neuronen ist. In dem Fall spricht man von Nerven, was die Gelegenheit bietet, auch hier den klassischen Ursprung des Wortes einzuführen, nämlich das lateinische *nervus*, das als Sehne oder Saite übersetzt werden kann.

Wenn im Alltag von Nervensehnen oder Nervensträngen die Rede ist, doppelt man im Grunde nur die Bedeutung der Nerven, die genau das sind, nämlich Saiten, die aus Nervenzellen gespannt sind. Das Wort Spannung kann mechanisch – wie bei der Saite einer Geige – oder elektrisch gemeint sein, und im Gehirn zählt nur die zweite Bedeutung. Sie beginnt im Neuron und wird in größeren Einheiten aufgebaut, etwa durch sogenannte Kerne, die zwar so heißen wie Atom- oder Zellkerne, aber nichts mit ihnen zu tun haben. Die Kerne im Gehirn meinen Gruppierungen von Zellen, die sich durch ein im Betrachten von Organen erfahrenes Auge unterscheiden lassen und von ihrer Funktion her zusammengehören, wie sich immer wieder herausgestellt hat und noch zur Sprache kommen wird.

Die anatomischen Kenner des Gehirns können zahlreiche Kerne aufzählen, die sich vor allem in der Mitte des Denkorgans befinden und genaue Positionsbezeichnungen tragen. Die Wissenschaftler bezeichnen die Nervenkerne in ihren Lehrbüchern durchgehend mit dem lateinischen *Nucleus* und einem variablen Anhängsel– etwa *Nucleus medialis thalami* –, um so genau angeben zu können, von welchem Ort in der Gehirnmitte aus die Nerven weiter an den Rand geführt werden, um hier in einem Gebiet zu landen, das manchmal Rinde und manchmal Gyrus genannt wird. Wobei es sicher Zufall ist, dass die Wörter jedes Mal nach Essen klingen. Es geht in beiden – und später auch in allen anderen – Fällen um Zusammenballungen von Nervenzellen mit Struktur, wobei die Randlage der Rinde keine weitere Erklärung für ihren Namen braucht. Und Gyrus versteht sofort, wer ein Hirn von oben (außen) anschaut und weiß, was das griechische Wort heißt, nämlich Drehung und Windung. (Deshalb kennen wir es auch vom Essen. Denn Gyros hat denselben kreisenden Ursprung, schließlich geht es um das Fleisch, das an einem Drehspieß gegrillt worden ist.)

Möglicherweise langweilt die Aufzählung der Namen, vor allem, weil dabei nicht viel oder sogar nichts über die von ihnen bezeichneten Bereiche verstanden wird. Aber zum einen lassen sich diese Ordnungsebenen tatsächlich erkennen und unterscheiden (dazu sind Namen ja da), und die Natur wird sie wohl benötigen, um dem Gehirn die Fähigkeiten zu geben, für die es so geschätzt wird. Und zum Zweiten lässt sich fast schon mit der Benennung aufhören, obwohl nicht einmal die anatomische Mannigfaltigkeit des Gehirns angekratzt worden ist, denn das Wesentliche ist jetzt schon klar dargelegt. Wenn im Gehirn etwas passiert, wenn also gesehen, gehört, gerochen, gefühlt, geahnt, geredet und gedacht wird (oder besser umgekehrt), dann feuern Neuronen, die in Bündeln organisiert sind und Kerne mit Rinden, Windungen und anderen Nervenansammlungen verbinden. Wenn Menschen ein Licht aufgeht oder eine Idee kommt, wenn sie ein Abendessen genießen oder von einem Traum gefangen werden – zu all dem gehört im Kopf ein Feuerwerk von erregten Neuronen, die ihre elektrisch fundierte Aktivität an verschiedenen Orten im Gehirn entfalten und weiterleiten. Wie die Impulse dahin kommen und wohin sie zuletzt gehen, das muss in jedem Einzelfall verfolgt und erkundet werden, obwohl die grundlegende Aktivität unverändert bleibt. An ihr kann sich die Forschung festhalten.

## 2. Lockstoffe in der Nase

Wer in ein menschliches Gesicht blickt und dabei die Aufmerksamkeit von den Augen langsam nach unten leitet, wird erst die Nase und dann den Mund sehen und dabei in dem hier verhandelten Kontext an zwei weitere Sinne denken, nämlich den des Riechens und den des Schmeckens. Eigentlich gehören die beiden Empfindungen, die vielfach gezielte Wohlgefühle auslösen können, gemeinsam abgehandelt. Denn wenn jemand zum Beispiel zum Frühstück eine Tasse Kaffee trinkt – genauer: Kaffee aus einer Tasse trinkt –, dann steigen zum einen Duftstoffe der begehrten Flüssigkeit in die Nase auf, um dort wohlwollend wahrgenommen zu werden, und zum Zweiten gelangen die in der getrunkenen Flüssigkeit gelösten Geschmacksstoffe auf die Zunge, die dem Gehirn ihres Besitzers ebenfalls Meldung über den Kaffee und seine Qualität macht. Natürlich registrieren die beiden genannten Sinnesorgane zudem noch, wie warm oder kalt der aus der Tasse fließende Kaffee ist, aber die Wahrnehmung von Temperatur soll hier außer Acht gelassen werden und erst dann zur Sprache kommen, wenn es um das größte Sinnesorgan des Menschen geht, um seine Haut.

Das Zusammengehören von Duft- und Geschmackswahrnehmung zeigt sich vielfach in der Erfahrung von Menschen, die etwa in einem Restaurant gebeten werden, einen Wein zu probieren, und dann die zum Kosten angebotene kleine Menge in dem oftmals großen Glas erst einmal kräftig schwenken, um die Duftstoffe zu ermutigen, sich in Richtung der Nase zu begeben, bevor sie die kostbare Flüssigkeit zum Munde führen und der Zunge zur Prüfung überlassen, die jetzt zugleich erkundet, ob der Wein die erwünschte Geschmacksrichtung zeigt und die geeignete Temperatur aufweist.

Übrigens, bei der Gustation – Geschmacksprüfung – von Rotwein gibt es bei einigen Experten und in vielen Haushalten ein ziemliches Gehabe mit dem Dekantieren, das sich als Gourmets ausweisen wollende Gastgeber vorweg zelebrieren, um das köstliche Nass atmen zu lassen, wie es dann vornehm und vielversprechend heißt. Radikal und sachlich denkende Naturwissenschaftler haben daraufhin erkundet, ob das mit dem feierlichen und oftmals dauernden Dekantieren, bei dem auch noch etwas verloren geht, nicht schneller klappt, wenn man den Rotwein in einen Mixer schüttet und das Gesöff einmal kurz durchquirlt. Das mag entsetzlich aussehen, aber bei entsprechenden Untersuchungen haben selbst hoch bezahlte Experten keinen Unterschied zwischen dem vornehmen Dekantieren und dem proletarischen Mixen schmecken können, was hier nur gemeldet und nicht weiter kommentiert wird, um den Menschen ihre Rituale und ihre Illusionen zu lassen. Es erscheint nämlich höchst unwahrscheinlich, dass Gourmetrestaurants demnächst Küchenmixer einsetzen, um einen alten Bordeaux oder einen teuren Rothschild brausend atmen zu lassen. Vielleicht gehört zum Gesamtgenuss, dass sich zum einen dem anvisierten Sinneserlebnis nichts Störendes – wie etwa das surrende Geräusch eines banalen Mixgeräts – in den sensorischen Weg stellt, und dass zum anderen die Vorstellung gewahrt bleibt, das Alte sei das Gute und könne besser werden, wenn es mit alten Methoden behandelt wird.

Moschus — C=O | CH₃     kein Geruch — CH₂ | CH₃

(a)

beides Ananas

(b)

Zu den seit längerer Zeit bestehenden Rätseln der Sinnesforschung gehört die Beobachtung, dass höchst ähnlich gebaute Moleküle, wie die beiden oben gezeigten (a), völlig verschiedene Sinneserfahrungen auslösen – das linke Molekül riecht nach Moschus, das rechte überhaupt nicht –, während völlig unterschiedlich strukturierte Gebilde (b) beide gleich riechen – nämlich wie eine Ananas.

## Chemische Sinne

Das Riechen und das Schmecken gehören nicht nur in der täglichen Praxis zusammen, weil sie beim Essen und Trinken nicht zu trennen sind, da der Weg zur Zunge im Mund stets unter der Nase mit ihren Öffnungen lang führt, die ihren duftigen Anteil wittern und aufnehmen. Die beiden verhandelten klassischen Sinne gehören auch in der Wissenschaft zusammen, und zwar deshalb, weil sie beide mit chemischen Signalen beginnen, wie sie beim Sehen und seinen physikalischen (elektromagnetischen) Ausgangsreizen in einem eigenen Umwandlungsprozess in der Netzhaut erst einmal angefertigt werden müssen.

Wenn von chemischen Signalen die Rede ist, dann sind Moleküle gemeint, die beim Riechen durch die Luft schweben und sich in ihr aufhalten können, während es beim Schmecken um Moleküle geht, die in den Flüssigkeiten – Saucen, Weinen, Getränken – gelöst vorliegen und so der Zunge in wässriger Form dargeboten werden. Die Wissenschaft spricht in den beiden hier verhandelten Fällen von chemischen Sinnen, nicht zuletzt, weil die in den Sinnesorganen eingesetzten Rezeptoren auf die chemische Struktur der Duft- und Geschmacksstoffe reagieren. Wie dies im strukturellen Detail geschieht, bleibt in vieler Hinsicht rätselhaft, wie man einfach an Beispielen von Molekülen demonstrieren kann, die selbst dann, wenn sie sehr ähnlich aussehen, völlig verschieden riechen können (siehe Abbildung 18), oder die umgekehrt denselben Geruch wahrnehmen lassen, selbst wenn sie völlig verschieden gebaut sind.

## Olfaktorische Rezeptoren

Wenn etwas den Geruchssinn betrifft, benutzen Forscher gerne das aus dem Lateinischen stammende Wort olfaktorisch, weshalb Riechen in der Sprache der Wissenschaft mit olfaktorischen Rezeptoren gelingt. Die erste Silbe des Attributs stammt von dem Tätigkeitswort für »riechen«, das im Zusammenhang mit der Behauptung »Geld stinkt nicht« auftaucht, die auf Lateinisch mit »*non olet*« abschließt. Unabhängig davon lässt sich mit dem Fachwort kurz und bündig eine merkwürdige Feststellung treffen, die an das Sehen anschließt und besagt, dass bei Organismen mit zunehmenden Fähigkeiten beim Farbensehen die Menge der funktionstüchtigen olfaktorischen Rezeptoren abnimmt.

Dieser Tatbestand, der sich nur als Korrelation ausdrücken lässt, ohne dass dabei zu sagen wäre, was Ursache und was Wirkung ist, findet sich zum Beispiel bei Hunden bestätigt, die weniger Farben sehen als Menschen, dafür aber sicher viel mehr riechen – erschnüffeln – können. Während Mitglieder der Spezies Homo sapiens zufrieden wirken, wenn sie jemanden sehen und dabei zum Beispiel sein Gesicht erkennen, versucht ein Hund auch und vor allem seine Nase einzusetzen, um zu riechen, mit wem er es zu tun hat. Das heißt natürlich nicht, dass Menschen unbedarft sind, wenn es um den Geruchssinn geht. Nach Auskunft der Physiologen können normal wahrnehmende Personen 10.000 verschiedene Substanzen festhalten und als Duftmoleküle interpretieren. Sie tun dies mithilfe der Riechschleimhaut in der Nase, in der viele Millionen geruchsempfangende Zellen sitzen, die mit olfaktorischen Rezeptoren ausgestattet sind (siehe Abbildung 19). Einem durchschnittlich veranlagten Menschen stehen dabei rund 400 verschiedene Typen von Rezeptoren zur Verfügung, wobei deren Anbringung offenbar so ausgeführt worden ist, dass jeder Mensch seinen eigenen Baukasten von Geruchsempfängern im Kopf mit sich trägt und auf diese Weise wohl in seiner ganz persönlichen Duftwelt zu leben kommt – was möglicherweise ganz allgemein für die Sinnessphären gilt.

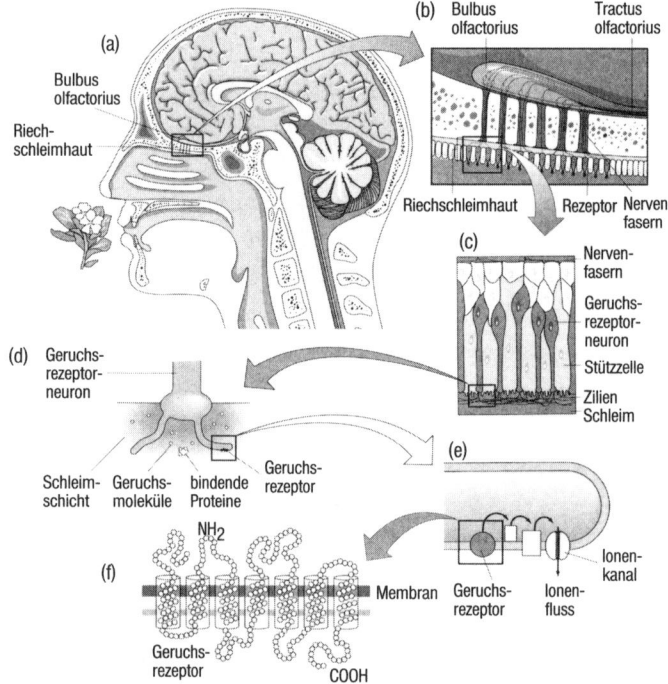

Riechen beginnt in der dazugehörigen Schleimhaut, in der Rezeptoren die Duftmoleküle aufnehmen und danach über Nervenfasern die Information an ein Neuron vermitteln, das darauf spezialisiert ist. Letzten Endes wird ein Rezeptor besetzt, der so ähnlich aufgebaut ist wie der für das Licht. Das bedeutet zum Beispiel, dass er in einer Membran verankert ist und diese Struktur siebenmal durchkreuzt, um ganz sicher und fest zu sitzen. Wird ein Rezeptor besetzt, öffnet sich – wie beim Sehen – ein Kanal, durch den geladene Atome (Ionen) strömen, die dabei ein elektrisches Signal erzeugen. Der Duft ist damit auf dem Weg ins Gehirn. Er kann jetzt gerochen werden und Gefallen auslösen oder Ekel erregen – je nachdem, wie und wo er ankommt.

## Wenn das Riechen ausfällt

Wer über das Riechen berichtet, wird zwar bevorzugt die lockenden Düfte beschreiben, die einem Menschen durch seine Nase zugeführt werden, er sollte aber nicht vergessen, dass mit dem Riechen auch Warnsignale wahrnehmbar werden, unter anderem die von giftigen Stoffen in verdorbenem Essen oder die Ausströmungen, die zu dem charakteristischen Brandgeruch führen, den die meisten Menschen kennen und fürchten. Wenn die Nase an dieser Stelle ihren Dienst versagt, wächst die Gefahr für die Betroffenen – etwa, wenn das Anbrennen von Speisen auf dem Herd nicht bemerkt wird oder das Ausströmen von Giftgasen ohne sinnliche Folgen bleibt und keine Fluchtreaktion auslöst.

Störungen des Geruchsinns nennt die Medizin Hyposmie oder Anosmie, und sie führen so etwas wie ein Mauerblümchendasein in der heutigen Praxis. Dabei leiden sicher viele Menschen unter Riechdefiziten, am häufigsten dann, wenn die Luftzufuhr zu den Sinneszellen der Nase durch Schwellungen behindert ist.

Übrigens – das den Autos entströmende Giftgas CO ist deshalb so gefährlich, weil es geruchlos ist und eingeatmet wird, bis es zu spät ist. Der Schluss liegt nahe, dass dieser flüchtige (und vornehmlich industrielle) Stoff in der Evolution nicht aufgetaucht ist und Menschen keine Abwehrmaßnahme gegen ihn entwickeln konnten. Das helfen nur spezielle Detektoren, die wie Brandmelder agieren und die Gefahr schon melden, wenn sie noch niemand gerochen hat.

Die genannten Zahlen von Rezeptoren lassen deutlich erkennen, dass nicht nur Hunde, sondern auch deren Halter einigermaßen in der Lage sind, ein breites Angebot von Gerüchen zu unterscheiden, auch wenn sie über die 40 Millionen Duftrezeptoren, die sich bei Hasen nachweisen lassen, nur staunen lassen. Allerdings fällt in diesem Zusammenhang vielfach auf, welche Mühe es Menschen macht, Duftnoten zu benennen, zum Beispiel dann, wenn wir sagen wollen oder sollen, wie ein Rotwein sein Bouquet entfaltet und unserer schnuppernden Nase (und dem Gaumen) zusagt. Wenn Menschen Farben sehen, geben sie ihnen übersichtliche und nachvollziehbare Namen, die meistens einfach wie Rot und Blau klingen, die manchmal aber auch ziemlich konstruiert wirken können – etwa wenn man ein Auto in Texasgelb oder Eisgrün bestellt.

Bei Gerüchen stellt die Sprache den Menschen nichts Vergleichbares zur Verfügung. Stattdessen heißt es zum Beispiel »Da stinkt etwas wie Hammelfett« oder »Das riecht nach Äpfeln«.

Bei den Farben heißt es, etwas sieht rot und vielleicht sogar rosig aus, und nicht, etwas hat die Farbe einer Rose. Aber wenn etwas duftet wie eine Rose, dann fehlt das entsprechende Wort, und es bleibt bei der Beschreibung – etwas duftet nicht rosig (oder was man sonst sagen könnte), sondern es entfaltet ein Aroma wie eine Rose (siehe Tabelle 3; vergleiche Exkurs »Das Parfüm«).

### Die Namen der Gerüche

| Primärgeruch | Chemische Substanz | Trivialform |
|---|---|---|
| Kampferartig | Kampfer | Mottenpulver |
| Moschusartig | Hydroxypentadecan-säurelacton | Angelikapulver |
| Blumig | Phenylethyl-methyl-ethyl-carbinol | Rose |
| Minzig | Menthon | Pfefferminz-bonbon |
| Ätherisch | Ethylendichlorid | Fleckenwasser |
| Schweißig | Buttersäure | Schweiß |
| Faulig | Butylmercaptan | Faule Eier |

Einige Namen kennt die Sprache schon, wenn sie ausdrücken soll, wie etwas riecht. Hier sind einige dieser Primärgerüche zusammengestellt und sowohl durch die dazugehörige chemische Substanz als auch die Form charakterisiert, in der sie im Alltag zu finden und sinnlich zugänglich sind.

Trotzdem und unabhängig davon – das menschliche Gehirn muss ständig olfaktorisch bereit sein, und es reagiert ebenso gerne und lustvoll auf das Aroma eines guten Kaffees, wie es sich empfindlich gestört fühlt oder wachsam wird, wenn Rauch gemeldet wird – sei es der einer Zigarette oder eines Feuers. Wenn nun gefragt wird, wie Gerüche überhaupt ins Gehirn gelangen und wie es das Zentralorgan unter der Schädeldecke schafft, den Unterschied etwa zwischen einer Mandarine und einer Apfelsine zu erkennen, dann kann die Wissenschaft darauf zum einen mit vielen Details antworten. Sie kann zugleich aber zum anderen nicht leugnen, dass es noch viele rätselhafte Etappen beim Weg vom Molekül zum Riecherlebnis zurückzulegen gilt.

Dabei läuft die Sache zunächst und im Prinzip völlig gleich ab wie beim Sehen, wobei der erste Schritt sogar besonders einfach ist. Denn die Umwandlung des physikalischen in das chemische Signal kann wegfallen, da der Duftstoff genau das bereits ist – nämlich ein chemisches Signal der äußeren Welt, das mit chemischen Substanzen im Körperinneren in Wechselwirkung treten kann, den Chemorezeptoren. Das flüchtige Molekül durchquert erst eine organische Schicht – aus Schleim –, um im Anschluss daran zu den Riechzellen zu gelangen, in denen sich die olfaktorischen Rezeptorenmoleküle befinden. Hier erwartet den Forscher nun eine besondere Überraschung – oder auch keine, je nach Standpunkt. Denn die olfaktorischen Rezeptoren sehen nicht nur den lichtempfangenden Proteinen ziemlich ähnlich, sie bringen auch dieselbe Art der Signalumwandlung zustande und schicken nach Empfang des Duftboten, auf den sie spezialisiert sind und der ihnen angepasst ist, ein elektrisches Signal auf seine Reise in die dafür vorgesehenen Regionen des Gehirns.

Und um dies gleich an dieser Stelle abzuhandeln: Auch wenn es um den Geschmackssinn geht, treffen die Forscher auf einen identischen Mechanismus, nämlich auf Proteine als Rezeptoren, mit deren Hilfe eine Kaskade beginnt, wie sie zuerst beim Sehen erkannt und vorgestellt worden ist. In der Literatur ist dabei von Rezeptoren die Rede, die an G-Proteine gekoppelt sind. In diesem fachlichen Ausdruck klingt mit dem ersten Buchstaben das GTP an, das zur Aktivität dieser Rezeptoren und ihrer Signalkette beiträgt, in der irgendwann auch der zweite Bote – das cGMP – in Erscheinung tritt. Der Eintritt der Sinnesinformation in die Innenwelt des Gehirns vollzieht sich möglicherweise auf der Ebene der Moleküle und Membranen über einen universellen (biochemischen) Mechanismus, den die Wissenschaftler allzu gerne theoretisch verstehen und als optimal erkennen würden und nicht nur Stück für Stück und Signal um Signal beschreiben möchten. Vor allem würde man gerne wissen, ob diese Einheitlichkeit des sensorischen Mechanismus schon auf der genetischen Ebene erkennbar ist. Und falls die Antwort Ja lautet, wie die konstruktive Folgeleistung der zellulären Apparate dies nutzt und umsetzt.

Trotz aller molekularen Gemeinsamkeiten – einen wichtigen Unterschied zum Sehen mit den Augen gibt es beim Riechen mit der Nase an dieser Stelle aber doch. Denn während das Licht auf der Netzhaut nur auf vier Rezeptoren treffen und von ihnen eingefangen werden kann, bietet die Nase dem einströmenden Geruchsangebot viele Hundert

Empfangsmoleküle an. Bei diesen lässt sich leicht vorstellen, wie ihre unterschiedliche Anbindung individuelle Erregungsmuster zur Folge haben kann, die vom Gehirn zur Kenntnis genommen und in die Wahrnehmung eines ganz bestimmten Dufts umgesetzt werden, was einen Menschen dann verlockt oder abstößt oder noch anders reagieren lässt.

Die olfaktorischen Rezeptorzellen bringen – wie die Sehzellen – Nervenstränge zum Feuern, die zwar im sogenannten Riechkolben gesammelt werden, dann aber keine weitere Zwischenstation benötigen, um direkt in den Cortex zu gelangen. Allerdings streben nicht alle Nerven in diese Richtung. Ein Teil der Information über eingetroffene oder eingefangene Geruchsmoleküle wird an besondere Hirnteile mit dem hübschen Namen Amygdala geleitet, die auch Mandelkerne heißen und Auswirkungen auf unsere Gefühlswelt haben. Dieser angenehme Zielort der Duftinformation und das Fehlen einer weiteren Umschaltung, wie es die Sehnerven im Thalamus erfahren, wird im Rahmen wissenschaftlicher Deutungen oft dadurch verständlich gemacht, dass man sagt, das Gehirn erspart sich die in der Zwischenstation zu treffende Entscheidung, ob das Gerochene eine emotionale Bedeutung hat oder nicht. Offenbar operiert das menschliche Zentralnervensystem unter der Vorgabe, dass alles, was die Nase erreicht, von dieser Art ist und als relevant gilt und erregend wirkt.

In diesem Kontext kann auch die wiederholt beobachtete Tendenz des olfaktorischen Systems verstanden werden, dass es bei ihm weniger Flexibilität gibt als bei der Verschaltung der Nerven, die zum Sehvermögen beitragen. Offenbar wird die Bahn, mit der ein Duft seinen Weg ins Gehirn findet, erstaunlich starr von den genetischen Grundlagen her festgelegt – sie ist hochgradig prädeterminiert, wie es in der

Literatur heißt –, was für die Wissenschaftler mindestens im Reich der Tiere sinnvoll wirkt. Denn viele Geruchswahrnehmungen führen zu instinktiven Verhaltensweisen, die unmittelbar lebensrettend sind. Mäuse rennen zum Beispiel um ihr Leben, sobald sie den Urin eines Kojoten riechen, und es leuchtet ein, dass es an dieser Stelle keinen Lernvorgang geben sollte. Denn nach ihm bekommen sie kaum eine zweite Chance, diese Information zu nutzen.

Für den Menschen ist der Geruchssinn weniger lebensrettend, aber sicher nicht völlig ohne Bedeutung. Sie setzen zwar nicht so gezielt ihre Nase ein, um andere Menschen kennenzulernen, wie es Hunde tun, um andere Hunde zu erschnüffeln – das verbietet uns schon die Etikette, obwohl manche Parfümhersteller und ihre Kundinnen alles tun, um Männer in Versuchung zu bringen. Aber Menschen können erstens ihr eigenes Hemd durch seinen Geruch identifizieren und zweitens leicht feststellen, ob es ein Mann oder eine Frau war, der oder die ein T-Shirt getragen hat, selbst wenn dabei keinerlei Parfum im Spiel war. Zudem hat mindestens ein körperlicher Mechanismus eine unmittelbare Verbindung zum olfaktorischen Vermögen des Menschen, und der hat mit der Vermehrung zu tun, wie sicher niemanden mehr überrascht. Gemeint ist der Menstruationszyklus der Frau, der vor mehr als 30 Jahren in das Visier der Forschung mit Duftsignalen kam, als der damals noch studierenden Martha McClintock auffiel, dass Frauen, die etwa in Wohngemeinschaften zusammenleben oder an gemeinschaftlichen Projekten arbeiten, ihre Zyklen zeitlich angleichen (synchronisieren). Bei einer Gruppe von Rettungsschwimmerinnen, deren Zyklen zu Beginn der Sommersaison an völlig unterschiedlichen Tagen einsetzten, rückte der Periodenbeginn bis Herbstanfang auf weniger als eine halbe Woche zusammen (siehe Kasten »Martha McClintock«).

## Martha McClintock

**Martha McClintock** (\*1947) stammt aus Kalifornien und ist heute Professorin für Psychologie in Chicago, der Stadt, in der sie 1999 auch ein »Institute for Mind and Biology« gegründet hat, in dem auf interdisziplinäre Weise die biologische Basis des menschlichen Verhaltens erkundet wird. Für ihre im Text vorgestellten Arbeiten über die Synchronisation der Menstruation wurde sie mehrfach ausgezeichnet, wobei diesem Satz allerdings hinzugefügt werden muss, dass in den 1990er-Jahren auch Arbeiten erschienen sind, die auf technische (statistische) Mängel der Untersuchungen hingewiesen und konstatiert haben, dass der behauptete Zusammenhang zwischen Duftstoffen und der Regelblutung keine unzweifelhaft gesicherte Erkenntnis der Wissenschaft darstellt. Martha McClintock untersucht in jüngster Zeit die Frage, ob und wie Pheromone zu einer chemischen Kommunikation unter Menschen führen können, die sich auf deren Verhalten – sicher auch sexueller Art – auswirkt.

Im Anschluss an diese und nachfolgende Beobachtungen konnte McClintock dann berichten, dass Studentinnen, die entweder Zimmergenossinnen oder enge Freundinnen waren, am Ende eines Studienjahres synchrone Menstruationszyklen aufwiesen, was sie dazu brachte, einen »interpersonalen physiologischen Prozess« als Ursache dafür zu postulieren, ohne dass sich dazu zunächst weitere Details anführen ließen.

In den 1980er-Jahren konnten Experimente schließlich nachweisen, dass dieser Prozess der Synchronisation durch den Geruchssinn ausgelöst wird, und man fand auch heraus, was dabei wahrgenommen wird, nämlich der Geruch von Schweiß. Im dazugehörigen Versuch wurden Frauen erst gebeten, in ihrer Achselhöhle einen Wattebausch zu tragen, aus dem Schweiß gewonnen wurde, den man dann zweitens anderen Frauen auf den Körper – genauer: unter die Nase – tupfte. Eine Kontrollgruppe wurde ähnlich behandelt, nur dass eine fetthaltige Substanz ohne persönliche Schweißanteile eingesetzt wurde.

Wie sich am Ende herausstellte, verschob sich die Menstruation bei den Frauen, die den Schweiß anderer Frauen zu riechen bekamen, und zwar sogar in zwei verschiedene Richtungen. Während der Monatszyklus von Sekreten verkürzt wurde, die *vor* dem Eisprung entnommen worden waren, wurde er von Sekreten verlängert, die kurz *nach* dem Eisprung entnommen worden waren. Damit zeigt sich, dass die Natur sogar zwei chemische Signale hervorgebracht hat, um letztlich ein Ziel zu erreichen, nämlich die Synchronisation des Vorgangs, der in enger Beziehung zum wichtigsten Geschehen des Lebens steht – der Vermehrung eben.

Die nächste Frage lautet jetzt natürlich, was uns die Natur damit sagen will. Was ist der evolutionäre Vorteil solch einer Regulierung?

Die dazugehörigen Antworten für die Lage des Menschen müssen bekanntlich allein deshalb äußerst behutsam gegeben werden, weil Mitglieder der Art Homo sapiens ihre Natur gerne mit viel Kultur verbergen, was bei den Duftstoffen heißt, dass Menschen vermutlich mehr Freude an Produkten aus der Parfümerie als am Geruch von bestimmten Köperteilen haben, und drängt es uns auch noch so sehr zu ihnen hin. Zwar werden männliche Primaten in freier Wildbahn beobachtet, wie sie beginnen, den weiblichen Genitalbereich mit Händen und Nase zu inspizieren, aber von der menschlichen Spezies ist nicht bekannt, dass der Duft von Vaginalsekreten, der zu unterschiedlichen Zeiten verschieden ausfällt, als angenehm und stimulierend empfunden wird, obwohl die Häufigkeit des Geschlechtsverkehrs kurz vor der Ovulation zunimmt (was auch völlig andere Gründe haben kann – etwa den, dass Frauen in dieser Situation gerne die Initiative übernehmen).

Die Frage, wozu die Synchronisation der Fruchtbarkeit dient, kann nicht durch den Blick auf einen molekularen oder chemischen Faktor alleine beantwortet werden, vor allen Dingen dann nicht, wenn man die komplizierte Lebensweise betrachtet, die die Kultur des Menschen mit sich bringt. Die Wissenschaft weicht dann aus und beginnt, einfachere Gemeinschaften im Tierreich ins Auge zu fassen. Und da gibt es etwa bei den sehr geruchsempfindlichen Nagetieren Kolonien, in denen alle Weibchen durch ein dominantes Männchen geschwängert werden. Und der Vorteil der Synchronisation besteht nun darin, dass alle Geburten in genau eine Jahreszeit fallen, und zwar die, in der die Futterbeschaffung mit den wenigsten Schwierigkeiten verbunden ist.

Dieses Argument spielt natürlich bei unserer Art überhaupt keine Rolle, und Menschen sollten auch keine Gemeinschaft ins Auge fassen, bei der es einen Mann für alle Frauen gibt, obwohl dieser eine ausreichend viele Samenzellen produziert, um seiner biologischen Pflicht nachkommen zu können. Doch das Herausheben des einen Machos wird zu dem Preis erkauft, dass mit ihm die meisten Männer überflüssig werden, woraus die Evolution aber noch keine Konsequenzen gezogen hat. Im Gegenteil – die natürlichen Mechanismen sorgen für einen leichten Überschuss an Männern, was die Überlegung nahelegt, dass die Synchronisation ein Gefallen ist, den die Evolution den Männern tut, um mehreren von ihnen die Chance zur Vaterschaft zu geben. Denn wenn bei allen Frauen eines Dorfs – in der fernen Vergangenheit der Steinzeit – der Eisprung etwa gleichzeitig stattfand, dann konnten sich nicht alle Frauen den gleichen Mann als

Vater ihres Kindes aussuchen. Dann bekamen alle Männer ihre Chance, im Dorf herrschte innerer Frieden, und auch die Evolution hatte etwas erreicht, nämlich möglichst viele verschiedene Gene eine Lebensrunde weitergebracht und den Genpool so groß wie möglich gehalten zu haben.

## Exkurs: Das Parfüm

*Das Parfüm* – so heißt der wohl erfolgreichste Roman deutscher Sprache von Patrick Süskind, der 1985 erschienen ist und sich inzwischen weltweit mehr als zehn Millionen Mal verkauft hat. Der Autor erzählt »die Geschichte eines Mörders«, wie der Untertitel heißt, wobei es um einen Menschen namens Jean-Baptiste Grenouille geht, der im Paris des 18. Jahrhunderts geboren wurde und die Welt durch seine Nase erkundet. Diese Welt stinkt vor allem, wie gleich am Anfang zu lesen ist:

»Es stanken die Straßen nach Mist, es stanken die Hinterhöfe nach Urin, es stanken die Treppenhäuser nach fauligem Holz und nach Rattendreck, die Küchen nach verdorbenem Kohl und Hammelfett« und so weiter bis zu den Menschen selbst, die »nach Schweiß und ungewaschenen Kleidern« stanken. »Der Bauer stank wie der Priester, der Handwerksgeselle wie die Meisterfrau, es stank der gesamte Adel, ja sogar der König stank, wie ein Raubtier stank er, und die Königin wie eine alte Ziege.«

In dieser umfassend stinkenden Welt fällt nun der kleine Jean-Baptiste dadurch auf, dass er selbst überhaupt nicht riecht, wie seine Amme sich beklagt, um auf die neugierige Frage eines Kirchenmannes, wie ein Säugling denn zu riechen habe, verzweifelt nach dem passenden Wort sucht, das es nicht gibt:

»Es ist nicht ganz leicht zu sagen«, wie der Säuglingsgeruch beschaffen ist, meint die Amme, »weil, sie riechen nicht überall gleich, obwohl sie überall gut riechen … An den Füßen zum Beispiel, da riechen sie wie ein glatter Stein … oder wie Butter, wie frische Butter. … Und am Körper, da riechen sie wie …«, und am Kopf, »da riechen sie am besten«, aber wie nur?

Es bleibt schwer zu sagen, wie ein Menschlein riecht, und das Problem der Benennung des nasalen Sinneseindrucks bleibt bestehen, wenn es um einen künstlich und für kommerzielle Zwecke erzeugten Duftstoff selbst geht, nämlich um ein Parfüm. Im Roman geht es um das »ekelhaft gute« Parfüm namens »Amor und Psyche«, das Grenouille bald verbessern wird. Wie riecht dieses Produkt, das die Menschen damals faszinierte und das sie dem Hersteller aus den Händen rissen? Ein professioneller Parfümhändler versucht sich an der folgenden Beschreibung:

»Es war eine Spur ordinär. Absolut klassisch, rund und harmonisch war es … Es war frisch, aber nicht reißerisch. Es war blumig, ohne schmalzig zu sein. Es besaß Tiefe, eine herrliche, haftende, schwelgerische Tiefe – und war doch kein bisschen überladen oder schwülstig.«

Als es Grenouille dann trotz der aufgezählten Qualitäten gelingt, einen besseren, einen »himmlisch guten« Duftstoff zu komponieren, der den unvergleichlichen Namen »Nuit Napolitaine« bekommt, passiert etwas, das mit Sinneserfahrungen tatsächlich möglich ist. Der Duft ruft in dem Parfümeur, in dessen Laden Grenouille seine Künste offenbart, die sublimsten Erinnerungen hervor. Der Pariser Parfümhändler »sah sich als einen jungen Menschen durch abendliche Gärten von Neapel gehen; er sah sich in den Armen einer Frau mit schwarzen Locken liegen und sah die Silhouette eines Strauchs von Rosen auf dem Fenstersims,

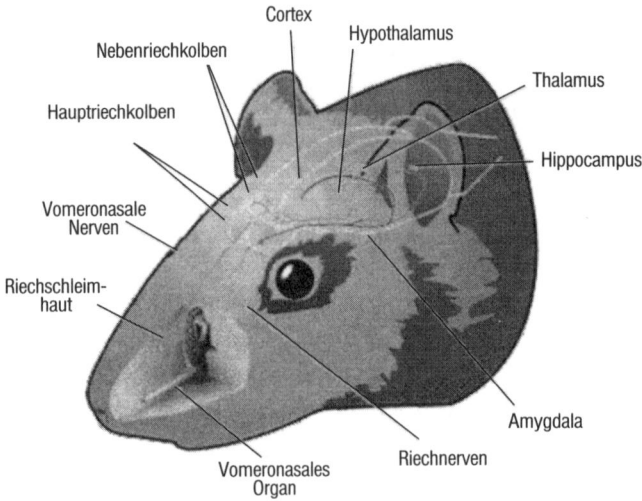

Cortex
Hypothalamus
Nebenriechkolben
Thalamus
Hauptriechkolben
Hippocampus
Vomeronasale
Nerven
Riechschleim-
haut
Amygdala
Vomeronasales
Organ
Riechnerven

Die Wahrnehmung von Pheromonen erfolgt unter anderem mit dem etwas kompliziert bezeichneten Vomeronasalorgan, das hier bei der Ratte gezeigt ist. Es handelt sich – auch im Falle des Menschen – um eine mit einer Flüssigkeit gefüllte Struktur, die mit der Nasenhöhle verbunden ist. Die Nerven schließen dabei an die entsprechenden Neuronen der Riechkolben an. In dem Organ befinden sich Zellen, die mit Rezeptoren ausgestattet sind, die erneut siebenfach eine Membran durchqueren, wie es schon oft berichtet wurde. Die Pheromone finden ihren Weg in das vomeronasale Organ durch die Nasenhöhle, in deren Schleim sie erst aufgelöst und dann weitergeleitet werden. Ausgeprägt ist solch ein vomeronasales Organ vor allem bei Schlangen, die es zum Aufspüren der Beute einsetzen.

über das ein Nachtwind ging; er hörte versprengte Vögel singen und von ferne die Musik aus einer Hafenschenke; er hörte Flüsterndes ganz dicht am Ohr, er hörte ein ›Ich liebe dich‹ und spürte, wie sich ihm vor Wonne die Haare sträubten, jetzt! jetzt in diesem Augenblick! Er riss die Augen auf und stöhnte vor Vergnügen.«

Wohlgemerkt – es geht um die Geschichte eines Mörders, dem es aber gelingt, die Menschen dazu zu bringen, ihn zu lieben. Ihn lieben sogar die Menschen, denen er größtes Leid zugefügt hat, und er bringt dieses Wunder mit einem Parfüm zustande, was an dieser Stelle aber nicht weiter erzählt werden soll.

## Pheromone

Da eben (vor dem Exkurs) noch von der Vermehrung die Rede war, drängt sich ein anderes Thema der sinnlichen Wahrnehmung mit Nasen auf. Die biochemischen Wissenschaften kennen seit 1959 den Begriff des Pheromons, der so ähnlich wie Hormon klingt, nur dass die altbekannten Hormone im Inneren eines Körpers agieren und dort die Aktivität von Organen beeinflussen, während die damals neu entdeckten Pheromone als Botenstoffe von Individuen nach außen abgegeben werden, um in anderen Organismen gewünschte Reaktionen hervorzurufen – bevorzugt die Bereitschaft zur Paarung mit dem Sender des Signals. Pheromone können demnach als besondere Duftstoffe gezählt werden, und sie dienen zum Beispiel Insekten dazu, geeignete Geschlechtspartner zu finden und anzulocken. Das heißt, das erste Pheromon namens Bombykol konnte 1959 nach langwierigen und mühsamen Versuchen dem Seidenspinner *Bombyx mori* entnommen werden, wobei der lateinische Name des Insekts sofort den Namen des ersten Lockstoffs erklärt, von dem die Wissenschaft wusste (siehe Kasten »Adolf Butenandt«). Heute wissen die Biochemiker und ihre Kollegen, dass Ratten, Reptilien, Katzen und auch einige Pflanzen über Sexualreizstoffe dieser Art verfügen und sie gezielt einsetzen, wobei den Tieren für die Wahrnehmung von Pheromonen ein spezielles Organ zur Verfügung steht, das den etwas länglichen Vornamen Vomeronasal trägt (Abbildung 20). In ihm sitzen Rezeptoren der Art, wie sie aus anderen Zusammenhängen bekannt sind, und sie funktionieren bei der Weiterleitung der Sinnesreizung in das Gehirn auch so, wie es schon mehrfach geschildert worden ist und niemanden mehr überraschen sollte.

---

### Adolf Butenandt

**Adolf Butenandt** (1903–1995) gehört zu den großen Biochemikern des 20. Jahrhunderts. Ihm wurde 1939 der Nobelpreis für Chemie zugesprochen, und zwar für Arbeiten auf dem Gebiet der Steroidhormone, wie es korrekt heißt. Einfach ausgedrückt konnte Butenandt zum Großvater der Antibabypille werden, die in den 1960er-Jahren auf den Markt kam und die mithilfe der biochemischen Kenntnisse von Hormonen entwickelt werden konnte, deren Grundlegung Butenandt zu verdanken ist. 1959 gelang es dem Biochemiker und seinen Mitarbeitern, das Pheromon Bombykol des Seidenspinners erst zu isolieren und dann zu charakterisieren, wobei in sicherlich mühevoller Kleinarbeit die Drüsen von 500.000 weiblichen Faltern aufbereitet werden mussten, um zuletzt die 15 mg des Pheromons in Händen halten zu können, die ein analytischer Biochemiker braucht.

Butenandt hat nicht nur als Wissenschaftler großen Einfluss ausgeübt, sondern auch als Manager der Forschung. Er hat lange Zeit der Max-Planck-Gesellschaft als Präsident gedient und für ihren Ruf als eine der weltweit wichtigsten Forschungsorganisationen gesorgt.

---

Säugetiere wie Mäuse erschnüffeln offenbar mit dem eher klein und unscheinbar wirkenden Organ in ihrer Nase die Sexualstoffe des anderen Geschlechts, und da Menschen bekanntlich dann unter anderem guten Sex haben, wenn sie sich gut riechen können, möchte man gerne wissen, ob das, was sich auch in Riechorganen von Menschen als ein knapp ein Zentimeter langer Schlauch im unteren vorderen Teil der Nasenscheidewand befindet, der menschlichen Erotik auf die Beine und in den Betten hilft. Leider bleibt dies für die Forschung noch eine offene Frage. Unabhängig davon lassen sich im Internet Pheromone als »Liebestropfen« in Sexshops bestellen, die damit werben, mit dem Produkt erhöhe Mann seine oder Frau ihre Anziehungskraft.

Das Wunder der Liebe bleibt also auch auf dieser Ebene eher offen, und dies gilt zudem für die grundlegende Frage, ob Menschen überhaupt über Pheromone verfügen und sie einsetzen. Zwar scheinen die erwähnten Beobachtungen von Synchronisationen der weiblichen Periode in diese Richtung zu weisen, und die Industrie, die Duftstoffe herstellt und anbietet, möchte an dieser Stelle allzu gerne mehr wissen und die entsprechenden Kenntnisse in einem Angebot nutzen und der Gesellschaft anbieten. Denn vielleicht geht die Liebe wirklich weniger durch den Magen und kommt eher und zielstrebiger erst durch die Luft und dann durch die Nase, und zwar in Form von Pheromonen, die Menschen beim Waschen und Parfümieren gefallen und die sie nach diesen Verrichtungen gezielt oder zufällig einsetzen.

Übrigens – die beste Evidenz für die Rolle von Pheromonen bei der Knüpfung einer engen Beziehung zwischen Menschen hat weniger mit dem Sex selbst und mehr mit dem Produkt der Liebe zu tun, das dabei entstehen kann. Denn wie es aussieht, senden stillende Mütter mithilfe ihrer Brustwarzen die attraktiven Signale aus, die als Pheromone dann von ihren Säuglingen wahrgenommen werden und sie dorthin bringen, wo es etwas gibt, was sie wollen, nämlich Nahrung.

## Ein Nobelpreis für das Riechen

Das Riechen bleibt seltsam geheimnisvoll, wobei sich die Forscher selbst gerne darüber beklagen, dass ihnen niemand sagen kann, wie es ein Apfelkuchen im Wechselspiel seiner Duftstoffe und der für sie zuständigen Rezeptoren schafft, anders als faule Eier zu riechen. Man kann einigermaßen erklären, wie und wo ein roter Apfel anders gesehen wird als eine gelbe Banane – und es lässt sich auch sagen, warum eine Violine anders klingt als eine Oboe, wie später noch zur Sprache kommen soll. Aber wie es die von der Luft getragenen Duftmoleküle etwa einer Limonade fertigbringen, anders zu duften als Kölnisch Wasser, entzieht sich bisher dem Zugriff der Wissenschaft.

Immerhin hat es im Jahr 2004 den Nobelpreis für Medizin für Forschungen gegeben, die sich mit »olfaktorischen Rezeptoren und dem Riechsystem« beschäftigt hatten, wie es die Urkunde ausdrückte. Ausgezeichnet wurden Richard Axel und Linda Buck, die in den 1990er-Jahren ermitteln konnten, welch ungeheuer große Zahl von Genen nicht nur in Ratten, sondern auch bei Menschen eingesetzt wird, um die olfaktorischen Rezeptoren herbeizuschaffen, die das Riechen in seiner Vielfalt ermöglichen. Das Ergebnis wirkt dabei sehr überraschend. Denn im menschlichen Genom wird mehr als ein – und wahrscheinlich werden sogar bis zu drei – Prozent der Gene eingesetzt, um den Geruchssinn mit den geeigneten Empfängern auszustatten, die Menschen so viel Freude bereiten können – etwa durch den Duft eines frischen Pfirsichs, das Bouquet eines edlen Weins und das Aroma einer guten Zigarre, obwohl das zuletzt genannte Vergnügen heute vielfach auf Stirnrunzeln trifft.

Wie dem auch sei – Menschen können mit ihren Genen etwa 350 olfaktorische Rezeptoren anfertigen, wobei sich

herausstellt, dass zum einen jeder Empfänger mehrere Duftnoten an sich binden und zum Zweiten ein einzelner Riechstoff mehrere Rezeptoren aktivieren kann. Bei den möglichen Kombinationen gelingt es, die Zahl 10.000 verständlich
zu machen, die im derzeitigen Verständnis der Wissenschaft
angibt, wie viele Nuancen der funktionierende menschliche
Geruchssinn zu unterscheiden gestattet, der dem darüber
verfügenden Menschen wunderbare Gefühle vermittelt
kann. Unter anderem das für seine Heimat, wobei der dazugehörige Duft nicht nur zu einem Wohlbefinden führt, sondern konkret das Empfinden von Sicherheit vermittelt, wie
der deutsche Riechforscher Hanns Hatt zu berichten weiß.
Er erzählt auch davon, dass die Art, wie Menschen auf Düfte reagieren, von den Umständen abhängen kann, unter denen sie sie zum ersten Mal wahrgenommen haben. Tatsächlich sind Weihnachtsgerüche nicht per se und erst recht
nicht bei allen Menschen beliebt, sondern nur bei denen,
die sich dabei an die erhaltenen Geschenke und das festli-
che Beieinander erinnern (siehe Kasten »Richard Axel, Linda Buck und Hanns Hatt«).

## Richard Axel, Linda Buck und Hanns Hatt

**Richard Axel** (\*1946) stammt aus New York, und er hat zusammen mit seiner Doktorandin **Linda B. Buck** (\*1947) aus
Washington mehr als 1000 Gene identifizieren können, die
zur Geruchswahrnehmung beitragen. Das heißt, Linda Buck
hat längst eine Professur inne, nicht nur weil ihr 2004 zusammen mit ihrem Doktorvater der Nobelpreis für Medizin
für die Erforschung des Riechsystems verliehen worden ist.
Die beiden Neurophysiologen konnten zeigen, dass die Geruchswahrnehmung innerhalb verschiedener Tiergruppen
ziemlich ähnlich verläuft, und nachweisen, dass jedes Neuron
nur einen Rezeptortyp ansteuert und in der Riechschleimhaut

die gleich aufgebauten Rezeptortypen eher zufällig verteilt zu liegen kommen. Das Hirn setzt seine Geruchsempfindung aus Informationen zusammen, die unterschiedlichen Bereichen der Schleimhaut entspringen.

Wer nach einem bekannten Riechforscher in Deutschland fragt, wird auf den in Bochum tätigen **Hanns Hatt** (*1947) verwiesen, der maßgeblich zum Verständnis der Frage beigetragen hat, wie Menschen Tausende von Gerüchen unterscheiden können, selbst wenn sie in kleinsten Konzentrationen vorliegen. Hatt weist gerne auf die Tatsache hin, dass bei allen Fortschritten noch unendlich viel zu tun bleibt, wie sich sofort zeigt, wenn man sich klarmacht, dass von den rund 350 Riechrezeptoren, über die Menschen verfügen, gerade einmal ein Dutzend eindeutig zugeordnet werden können. Immerhin konnte Hatt den Rezeptor für Fußschweiß identifizieren, und nun erhofft sich so mancher ein Superdeo gegen den störenden Gestank. Hatt kennt auch den Duft, mit dem Spermien zum Ei gelockt werden, was zum Thema des angenehmen Geruchs führt, der Partner zum gemeinsamen Sex lockt. Wer den Körperduft eines Partners nicht mehr wahrnehmen kann, verliert auch die Lust am Sex.

## Eine elektronische Nase

Übrigens: Obwohl Menschen sehr viele Moleküle mit der Nase wahrnehmen und unterscheiden können, gibt es ein paar Stoffe, die sie mit ihrem biologischen Rüstzeug nicht zu fassen bekommen – Sauerstoff, Stickstoff, Methan und Kohlenmonoxid (CO) zum Beispiel, wobei die letzten beiden deshalb wichtig sind, weil es sich dabei um Gase handelt, die potenziell tödlich wirken. Aus der Tatsache, dass Menschen das in Autoabgasen entstehende giftige CO nicht riechen können, folgt zunächst nur, dass dieser Stoff in der Evolution keine Rolle gespielt hat und erst durch die Kultur der Technik in die Luft gelangt ist, die Menschen atmen.

Beim Methan, das im Erdgas enthalten ist, verhält sich die Situation ebenso, wobei die chemische Industrie dem Energieträger inzwischen eigene Duftstoffe beimischt, um somit Menschen in die Lage zu versetzen, eventuell auftretende Lecks in Gasleitungen mit der eigenen Nase aufzuspüren, bevor es zu einer Explosion kommt und alles zu spät ist.

Was das Kohlenmonoxid angeht, das Menschen leicht vergiften kann, so können Ingenieure heute die fehlende Empfindlichkeit der natürlichen Nase durch eine elektronische Hilfe ausgleichen. Tatsächlich gibt es inzwischen Sensoren, die CO wahrnehmen können und daher als elektronische Nasen funktionieren. Ein solcher CO-Detektor setzt dünne Drähte aus Zinnoxid ein, die stark erhitzt werden – auf 400 °C – und in diesem Zustand ihre Leitfähigkeit ändern, wenn das Giftgas auftaucht, wodurch ein Alarm ausgelöst wird. Auch hier also eine Kette der Signale, die sogar viel Energie kostet, die sich aber einzusetzen lohnt, wenn dadurch ein Leben gerettet wird. Inzwischen gibt es elektrochemisch operierende CO-Sensoren und andere technologisch produzierte Nasen, die allmählich die Sensitivität der Riechorgane von Hunden erreichen und dann auch dort eingesetzt werden können, wo die Menschen bisher ihre besten Freunde schnüffeln lassen, also bei der Suche nach Drogen oder Sprengstoffen, die sich durch ihre Duftnoten verraten können.

# 3. Vom Geschmack der Speisen

So gut viele Speisen riechen, irgendwann müssen sie verspeist und gegessen werden, wobei die Natur den Menschen ein besonderes Geschenk gemacht hat. Sie stellt ihnen nämlich eine Verbindung zur Verfügung, die im Fachjargon als »retronasal« bezeichnet wird, da sie zur Nase zurückführt. Es geht genauer um eine Luftpassage, die von der Mundhöhle über den Rachenraum führt und die Rezeptoren in der Nase (in ihrem Riechzentrum) erreicht. Wer jetzt das leckere Stück vom Teller in den Mund geschoben hat und sich dort an das Zerkauen macht, setzt dabei auch Aromastoffe frei, die der Sinneswahrnehmung nicht entzogen werden, sondern ihn retronasal erfreuen können. Menschen riechen das Essen also auch dann noch, wenn sie es sich schon einverleibt haben und sich auf das Erlebnis des Geschmacks einstellen (siehe Abbildung 21).

Apropos Geschmack – es geht zwar auf den kommenden Seiten um die Sinneswahrnehmung des Schmeckens, aber es fällt bei dieser menschlichen Sensitivität auf, dass das dazugehörige Substantiv Geschmack mehr meint als ein Urteil über das eingenommene Essen. Geschmack meint nicht nur, was eine Zunge mit ihren Rezeptoren vermittelt. Geschmack meint ganz allgemein eine Fähigkeit, mit dem Schönen umzugehen, also sich ästhetisch zu äußern oder zu betätigen.

Diese doppelte Bedeutung findet sich nicht nur in der deutschen Sprache, sie zeigt sich auch im Englischen, wo von *taste* die Rede ist, wenn etwas entweder schmackhaft oder ästhetisch zufriedenstellend ist. Und dasselbe zeigt sich im Französischen, wo das zweideutige Wort *goût* heißt, und ebenfalls im Spanischen, wo *gusto* auf die beiden genannten Weisen zum sprachlichen Einsatz kommt.

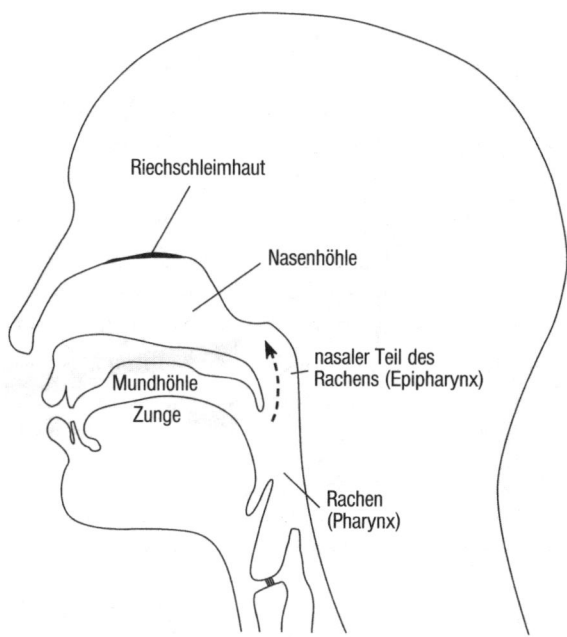

Geruchsmoleküle können aus dem Mund über den nasalen Teil des Rachens – der retronasalen Öffnung – durch die Nasenhöhle zur Riechschleimhaut gelangen und dabei zum sinnlichen Erleben einer Speise beitragen.

Der Schluss liegt nahe, dass es beim Essen, das doch dringlich und maßgeblich zu jedem Leben gehört, den Menschen gelungen ist, über die notwendige Natur hinauszugehen und durch die Orientierung weniger an der verzehrbaren Menge und mehr am erlesenen Geschmack den Anfang jener Lebensqualität zu schaffen, die als Kultur unsere Existenz mit Sinn umgibt. Aus einem einfachen Sinneserleben zu einem schönen Lebenssinn, wie sich vielleicht sagen lässt, wobei diese Wendung auch verständlich macht, warum sich in modernen Zeiten zahlreiche Menschen das Kochen in vielen Büchern und noch mehr TV-Beiträgen immer wieder beibringen lassen und ihre entsprechenden Künste verfeinern wollen. Den Geschmack der notwendigen Nahrung verfeinern wollten die Menschen offenbar schon in länger vergangenen Zeiten, wie Anthropologen meinen, die dem Gedanken anhängen und nachsinnen, dass die Mitglieder der Spezies Homo sapiens unter anderem deshalb ihre großen Welterkundungen und Expeditionen in fremde Länder unternommen haben, um an das Salz und die Gewürze zu kommen, mit denen genussvoller Geschmack an das notwendige Essen zu bringen war (siehe Exkurs »Die Madeleine des Marcel Proust«).

## Exkurs: Die Madeleine des Marcel Proust

Im Kapitel über das Riechen ist mit literarischer Hilfe die Erinnerung beschrieben worden, die ein bestimmter Duft in einem Menschen auslösen kann. Auch das sinnliche Erleben eines Geschmacks kann erstaunlich tief in das menschliche Gedächtnis führen und von dort eindringliche Vorstellungen wachrufen, wie in einer berühmte Passage zu lesen ist, über die der französische Schriftsteller Marcel Proust in seinem zehnbändigen Werk *Auf der Suche nach der verlorenen Zeit* berichtet. Die Literaturwissenschaft spricht von der Madeleine-Episode, weil es um die Erinnerung geht, die ein als Madeleine bezeichnetes Sandtörtchen in dem Moment auslöst, in der ein mit Kuchengeschmack gemischter Schluck Tee den Gaumen einer Person berührt. Bei Marcel Proust liest man dabei von einem unerhörten Glücksgefühl:

Ebenso ist es mit unserer Vergangenheit. Vergebens versuchen wir sie wieder heraufzubeschwören, unser Geist bemüht sich umsonst. Sie verbirgt sich außerhalb seines Machtbereichs und unerkennbar für ihn in irgendeinem stofflichen Gegenstand (oder der Empfindung, die dieser Gegenstand in uns weckt); in welchem, ahnen wir nicht. Ob wir diesem Gegenstand aber vor unserem Tode begegnen oder nie auf ihn stoßen, hängt einzig vom Zufall ab.

Viele Jahre lang hatte von Combray außer dem, was der Schauplatz und das Drama meines Zubettgehens war, nichts für mich existiert, als meine Mutter an einem Wintertage, an dem ich durchfroren nach Hause kam, mir vorschlug, ich solle entgegen meiner Gewohnheit eine Tasse Tee zu mir nehmen. Ich lehnte erst ab, besann mich dann aber, ich weiß nicht warum, eines anderen. Sie ließ darauf eines jener dicken ovalen Sandtörtchen holen, die man ›Madeleine‹ nennt und die aussehen, als habe man als Form dafür die gefächerte Schale einer St.-Jakobs-Muschel benutzt. Gleich darauf führte ich, bedrückt durch den trüben Tag und die Aussicht auf den traurigen folgenden, einen Löffel Tee mit dem aufgeweichten kleinen Stück Madeleine darin an die Lippen. In der Sekunde nun, als dieser mit dem Kuchengeschmack gemischte Schluck Tee meinen Gaumen berührte, zuckte ich zusammen und war wie gebannt durch etwas, das sich in mir vollzog. Ein unerhörtes Glücksgefühl, das ganz für sich allein bestand und dessen Grund mir unbekannt blieb, hatte mich durchströmt. Mit einem Schlage waren mir die Wechselfälle des Lebens gleichgültig, seine Katastrophen zu harmlosen Missgeschicken, seine Kürze zu einem bloßen Trug unsrer Sinne geworden; vollzog sich damit in mir, was sonst Liebe vermag, gleichzeitig aber fühlte ich mich von einer köstlichen Substanz erfüllt: oder diese Substanz war vielmehr nicht in mir, sondern ich war sie selbst. Ich hatte aufgehört mich mittelmäßig, zufallsbedingt, sterblich zu fühlen. Woher strömte diese mächtige Freude mir zu? Ich fühlte, dass sie mit dem Geschmack des Tees und des Kuchens in Verbindung stand, aber darüber hinausging und von ganz anderer Wesensart war. Woher kam sie mir? Was bedeutete sie? Wo konnte ich sie fassen? Ich trinke einen zweiten Schluck und finde nichts anderes darin als im ersten, dann einen dritten, der mir sogar etwas weniger davon schenkt als der vorige. Ich muss aufhören, denn die geheime Kraft des Trankes scheint nachzulassen. Es ist ganz offenbar, dass die Wahrheit, die ich suche, nicht in ihm ist, sondern in mir. Er hat sie dort geweckt, aber kennt sie nicht und kann nur auf unbestimmte Zeit und mit schon schwindender Stärke seine Aussage wiederholen, die ich gleichwohl nicht zu deuten weiß und die ich wenigstens wieder von neuem aus ihm herausfragen und unverfälscht zu meiner Verfügung haben möchte, um entscheidende Erleuchtung daraus zu schöpfen. Ich setze die Tasse nieder und wende mich meinem Geiste zu. Er muss die Wahrheit finden. Doch wie? Eine schwere Ungewissheit ritt ein, so oft der Geist sich überfordert fühlt, wenn er, der Forscher, zugleich die dunkle Landschaft ist, der er suchen soll und wo das ganze Gepäck, das er mitschleppt, keinen Wert für ihn hat. Suchen? Nicht nur das: Schaffen. Er steht vor einem Etwas, das noch nicht ist, und das doch nur er in seiner Wirklichkeit erfassen und dann in sein eigenes Licht rücken kann.

Wieder frage ich mich, was das für ein unbekannter Zustand sein mag, der keinen logischen Beweis, wohl aber den Augenschein eines Glückes mit sich führte, einer Wirklichkeit, der gegenüber alle andern verblassen. Ich will versuchen, ihn von neuem herbeizuführen. Ich durchlaufe rückwärts im Geiste den Weg bis zu dem Moment, wo ich den ersten Löffel voll Tee an den Mund geführt habe. Ich finde den gleichen Zustand wieder, doch von keinem neuen Licht erhellt. Ich verlange von meinem Geist das Bemühen, die fliehende Empfindung noch einmal wieder heraufzubeschwören. Und damit sein Schwung sich an keinem Hindernis brechen kann, räume ich alles hinweg, jeden fremden Gedanken, ich schirme mein Gehör und meine Aufmerksamkeit gegen alle Geräusche des Nebenzimmers ab. Dann aber, da ich fühle, wie mein Geist sich erfolglos abmattet, zwinge ich ihn umgekehrt zu jener Zerstreuung, die ich ihm vorenthalten wollte, lasse ihn an anderes denken und sich gleichsam erholen, bevor er noch einmal den Anlauf unternimmt. Dann schaffe ich ein zweites Mal völlige Leere um ihn, ich stelle ihm den noch ganz frischen Geschmack jenes ersten Schlucks gegenüber und spüre, wie etwas in mir sich zitternd regt und verschiebt, wie es sich zu erheben versucht, wie es in großer Tiefe den Anker gelichtet hat; ich weiß nicht, was es ist, doch langsam steigt es in mir empor; ich spüre dabei den Widerstand und höre das Rauschen und Raunen der durchmessenen Räume.

Sicherlich muss das, was so in meinem Inneren in Bewegung geraten ist, das Bild, die visuelle Erinnerung sein, die zu diesem Geschmack gehört und die nun versucht, mit jenem bis zu mir zu gelangen. Aber sie müht sich in zu großer Ferne und nur allzu schwach erkennbar ab; kaum nehme ich einen gestaltlosen Lichtschein wahr, in dem sich der ungreifbare Wirbel der Farben vermischt und verliert; aber ich kann die Form nicht unterscheiden, nicht von ihr als dem einzig möglichen Dragoman erbitten, dass sie mir die Aussage ihres Begleiters, ihres unzertrennlichen Gefährten, des Geschmacks übersetzt, sie nicht fragen, um welche Begebenheit, um welche Epoche der Vergangenheit es sich handeln mag.

Wird sie bis an die Oberfläche meines Bewusstseins gelangen, diese Erinnerung, jener Augenblick von einst, der, angezogen durch einen ihm gleichen Augenblick, von so weit her gekommen ist, um alles in mir zu wecken, in Bewegung zu bringen und wieder heraufzuführen? Ich weiß es nicht. Jetzt fühle ich nichts mehr, er ist zum Stillstand gekommen, vielleicht in die Tiefe geglitten; wer weiß, ob er jemals wieder aus seinem Dunkel emporsteigen wird? Zehnmal muss ich es wieder versuchen, mich zu ihm hinunterzubeugen. Und jedesmal rät mir die Trägheit, die uns von jeder schwierigen Aufgabe, von jeder bedeutenden Leistung fernhalten will, das Ganze auf sich beruhen zu lassen, meinen Tee zu trinken im ausschließlichen Gedanken an meine Kümmernisse von heute und meine Wünsche für morgen, die ich unaufhörlich und mühelos in mir bewegen kann.

Und dann mit einem Male war die Erinnerung da. Der Geschmack war der jener Madeleine, die mir am Sonntagmorgen in Combray (weil ich an diesem Tage vor dem Hochamt nicht aus dem Hause ging) sobald ich ihr in ihrem Zimmer guten Morgen sagte, meine Tante Léonie anbot, nachdem sie sie in ihren schwarzen oder Lindenblütentee getaucht hatte. Der Anblick jener Madeleine hatte mir nichts gesagt, bevor ich davon gekostet hatte; vielleicht kam das daher, dass ich dies Gebäck, ohne davon zu essen, oft auf den Tischen der Bäcker gesehen hatte und dass dadurch sein Bild sich von jenen Tagen in Combray losgelöst und mit anderen, späteren verbunden hatte; vielleicht auch daher, dass von jenen so lange aus dem Gedächtnis entschwundenen Erinnerungen nichts mehr da war, alles sich in nichts aufgelöst hatte: die Formen – darunter auch die dieser kleinen Muschel aus Kuchenteig, die so behäbig und sinnenfroh wirkt unter ihrem strengen, frommen Faltenkleid – waren versunken oder sie hatten, in tiefen Schlummer versenkt, jenen Auftrieb verloren, durch den sie ins Bewusstsein hätten emporsteigen können. Aber wenn von einer früheren Vergangenheit nichts existiert nach dem Ableben der Personen, dem Untergang der Dinge, so werden allein, zerbrechlicher aber lebendiger, immateriell und doch haltbar, beständig und treu Geruch und Geschmack noch lange wie irrende Seelen ihr Leben weiterführen, sich erinnern, warten, hoffen, auf den Trümmern alles übrigen und in einem beinahe unwirklich winzigen Tröpfchen das unermessliche Gebäude der Erinnerung unfehlbar in sich tragen.

Die beiden literarischen Zeugnisse – *Das Parfüm* und *Die verlorene Zeit* – lassen erkennen, wie sentimental Menschen durch die beiden Sinne werden, um die es hier geht. Die Neurowissenschaft kann dafür inzwischen einen anatomischen Grund angeben, nämlich den, dass Riechen und Schmecken die beiden einzigen Empfindungen sind, deren Signale direkt in die Hirnstruktur geleitet werden, die als Hippocampus bekannt ist und mit zum Langzeitgedächtnis beiträgt. Die Signale der verbleibenden drei anderen klassischen Sinne gelangen erst über eine Zwischenstation – den Thalamus – an dieses Ziel. In diesem Areal des Gehirns sitzen die Sprachfähigkeit und das Tor zum Bewusstsein, was beides als Kontrollinstanz gedeutet werden kann, um die sich die Düfte und die Aromen nicht weiter kümmern müssen. Sie gelangen einfach an ihr Ziel und entzücken ihre Dichter.

## Ein vielleicht gar nicht so einfacher chemischer Sinn

Der kulturelle Höhenflug des Geschmacks bleibt im Blick der Wissenschaft allein deshalb erstaunlich, weil das dazugehörige Sinnesorgan eher einfach gestrickt zu sein scheint und mit einer übersichtlichen Zahl an Rezeptoren operiert (siehe Abbildung 22). Der Geschmack erfüllt beim derzeitigen Stand der erforschten Dinge tatsächlich den Traum von Forschern, mit wenigen Grundkomponenten auszukommen. Ohne die Hilfe ihres vielfältigen Geruchssystems können Menschen nach traditioneller Weisheit gerade vier Qualitäten unterscheiden, die als süß, bitter, sauer und salzig bekannt sind. Dazu passend lassen sich auf der Zunge vier warzenartige Erhebungen finden, die als Papillen bezeichnet werden und in denen sich zwiebelartig gebaute Strukturen befinden, die Geschmacksknospen genannt werden. Sie enthalten knapp 100 Zellen, die zum Geschmackssinn beitragen, und zwar durch die Rezeptoren, die sie tragen und bei denen – welche Überraschung – vier Typen unterschieden werden können, die einen Menschen das Bittere, das Salzige, das Süße und das Saure schmecken lassen.

So überzeugend es jetzt klingen mag, dass es vier Geschmacksrichtungen gibt, die wahrgenommen werden – inzwischen mehren sich die Anzeichen, dass die Vierzahl nicht ausreicht und mindestens eine fünfte Basisqualität berücksichtigt werden muss. Und zwar die des sogenannten Geschmacksverstärkers, der als chemischer Stoff Natrium-L-Glutamat heißt und industriell vielen Fertiggerichten zugesetzt wird. In der Literatur zirkuliert ein hübscher japanischer Name für diesen Geschmack – nämlich *umami* –, und inzwischen ist auch verstanden, dass er seine Wirkung über den Rezeptor ausübt, der sonst dem Süßen vorbehalten ist. In der englischen Sprache ist bei dem fünften Geschmack von *savoriness* die Rede, was einen Genuss andeutet. Die Erforscher dieser und anderer Sinnesleistungen sind in den letzten Jahren darüber hinaus zu der Ansicht gelangt, dass es daneben noch andere Formen des Geschmacks gibt, und in der überwiegend englischsprachigen Literatur finden

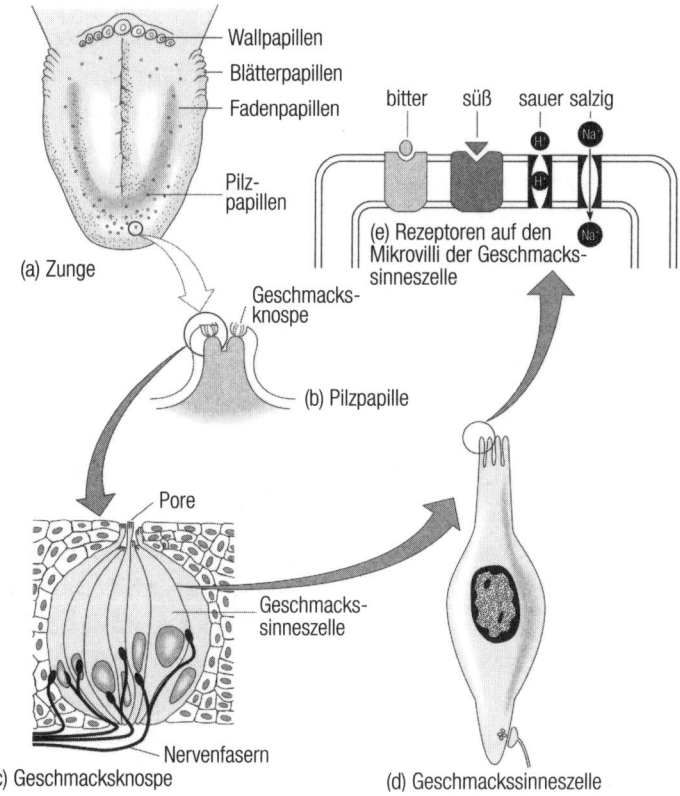

(a) Zunge

Wallpapillen
Blätterpapillen
Fadenpapillen
Pilz-papillen

bitter    süß    sauer salzig

(e) Rezeptoren auf den Mikrovilli der Geschmacks-sinneszelle

Geschmacks-knospe

(b) Pilzpapille

Pore

Geschmacks-sinneszelle

Nervenfasern

(c) Geschmacksknospe

(d) Geschmackssinneszelle

Schmecken können Menschen mit ihren Zungen, auf denen Papillen sitzen, die ihrerseits mit Geschmacksknospen ausgestattet sind. In solch einer Knospe treffen Nervenfasern und Sinneszellen für den Geschmack zusammen, an deren Spitze auf sogenannten Mikrovilli die Rezeptoren sitzen, die das Erlebnis des Schmeckens vermitteln. Sie unterscheiden und reagieren auf bittere, süße, saure und salzige Stoffe, wie im Text genauer beschrieben worden ist.

sich dafür Begriffe wie *metallic, fattiness* und *carbonation*, was man mit metallisch, fettig und kohlensäurehaltig wiedergeben könnte. Seit dem Jahr 2009 ist ein Rezeptor bekannt, der auf den für das Saure zuständigen Zellen sitzt und für das Kohlendioxid in dem Sprudelwasser zuständig ist, das manche Menschen gerne auf der Zunge spüren, bevor es entweicht und das stille Wasser zurücklässt, das ihnen dann eher schal erscheint.

Es liegt auf der Hand, dass diese neu erfassten Geschmacksrichtungen im Vergleich zu den vier traditionellen von der Wissenschaft noch nicht ausführlich erforscht worden sind, weshalb es im Folgenden zunächst um das klassische Quartett geht – allerdings erst nach einer weiteren Anmerkung.

Sie betrifft die eigentlich nicht erstaunlichen Einsichten der Geschmacksforscher, dass zum einen die sinnliche Erfahrung von Nahrung nicht allein durch den Mund und seine Zunge zustande kommt, sondern dass auch das Aussehen, das Aroma und die Berührung des Essens das Wohlgefallen beeinflussen und fördern oder beeinträchtigen können, und dass zum Zweiten Geschmacksrezeptoren nicht nur auf der Zunge, sondern im ganzen Körper zu finden sind. Vielleicht rührt die von Proust beschriebene Übermächtigkeit der durch ein Geschmackserlebnis ausgelösten Erinnerung daher, dass eben nicht nur die eher zurückgezogene Zunge die Sinnlichkeit in Gang setzt, sondern ein großer Teil des Körpers daran beteiligt ist. Als besonders merkwürdig gilt in diesem Zusammenhang die Beobachtung, dass ausgerechnet Samenzellen mit Rezeptoren für Umami ausgestattet sind, die dafür sorgen, dass sich die Spermien ruhig verhalten, bis sie an ihr Ziel, die Eizelle, gelangt sind.

## Auf dem Weg ins Gehirn

Jetzt soll es in etwas größerem Detail um die vier traditionellen Geschmacksrichtungen gehen, die sich einem Menschen vor allem durch seine Zunge mitteilen, auf der die erwähnten speziellen, Papillen genannten Erhebungen zu finden sind. Auf jenen sitzen ihrerseits die Rezeptorzellen, die wiederum in ihrer Membran die passenden Empfangsproteine tragen. Auch beim Schmecken spielt die Natur dasselbe sinnliche Spiel, und es geht auch genau so weiter, nämlich mit der Umwandlung der chemischen in elektrische Signale, die über Neuronen den Weg ins Gehirn finden und dabei wieder die Hilfe der G-Faktoren in Anspruch nehmen, also zum einen von GTP und cGMP und zum anderen von dem dazugehörigen G-Protein, das im Fall der Geschmacksempfindung Gustducin heißt, was an das Transducin beim Sehen anknüpft.

Bevor die Geschmacksnerven ihr Ziel im Schläfenlappen der Hirnrinde erreichen (siehe Kasten »Somatosensorischer Cortex«), werden sie anders als die für das Riechen zuständigen Stränge einer Umschaltstation zugeführt, was die oben erwähnten intuitiven Einsichten der Schriftsteller und die Erinnerungen ermöglicht, die Menschen für sich selbst und ihr Wohlfühlen brauchen.

Wie nicht anders zu erwarten, bleiben beim Geschmack die meisten Fragen noch zu beantworten. Etwa die, ob die Eindrücke süß, salzig, bitter und sauer aus der Aktivität aller Geschmacksrezeptoren im Gehirn berechnet werden oder ob die Zuordnung schon auf der Zunge erfolgt und die Rezeptoren je nach ihrer Empfänglichkeit so mit Nervenfasern Kontakt aufnehmen, dass sie als spezifische Bahnen zum Cortex laufen. Früher hat man vermutet, dass jede der vier Geschmackrichtungen an einem Ort auf der Zunge registriert wird – das Süße ganz vorne und das Bittere ganz hinten zum Beispiel –, was die zweite Lösung nahegelegt hätte. Inzwischen ist aber klar, dass die Wahrnehmung der Geschmäcker über die Zungenoberfläche gleichmäßig verteilt ist. Die Papillen an der Spitze haben nur eine leichte Vorliebe für das Süße. Sie scheint allerdings auszureichen, um das sommerliche Lecken von Eis zum Genuss zu machen, bei dem nicht nur Kinder gerne ihre Zungenspitze über die kalten Kugeln zirkulieren lassen.

Übrigens – mit dem Eis eben ist das Speiseeis gemeint, das es im Hörnchen oder im Becher gibt. Eis kann auch die gefrorenen Würfel meinen, die unweigerlich in amerikanischen Restaurants mit serviert werden, wenn man ein Glas Wasser oder eine Limonade bestellt. Die Antwort auf die Frage, warum die Amerikaner stets Eis ins Wasser tun, scheint nicht nur mit einer erwünschten Abkühlung zu tun zu haben. Sie muss auch auf die Tatsache eingehen, dass der Geschmack des Wassers verschwindet, wenn all die Eisbollen auf seiner Oberfläche schwimmen und beim Trinken auf die Zunge gelangen.

### Somatosensorischer Cortex

Anatomen teilen das Gehirn gerne in vier Lappen ein, wobei wir das nicht unbedingt poetische Wort einfach hinnehmen. Hinten – im sogenannten Occipitallappen – liegt die Sehrinde, und ziemlich in der Mitte treffen wir auf den Bereich, der zum Hören dient (siehe Abbildung 23). Darüber – das Hirn quasi teilend – erkennt man die Zentralfurche, um die sich links und rechts (oder vorne und hinten) Regionen erstrecken, die zum einen mit der Verarbeitung der sensorischen Informationen beschäftigt sind, die von der Körperoberfläche – also von Zunge, Lippen, Händen, Armen, Beinen und so weiter – kommen, und die zum Zweiten auch dafür sorgen, dass diese Körperteile auch erfahren, was sie zu tun haben. Man spricht von somatosensorischen bzw. motorischen Rindenfeldern, die es für den linken und rechten Teil des Körpers gibt. Zu den immer wieder begeistert vorgetragenen Einsichten der Hirnforschung gehört der Hinweis, dass zwar die Körpergliedmaßen dort alle in der richtigen Reihenfolge aufgeführt sind – also etwa ein Finger neben dem anderen –, dass sie aber unterschiedlich gewichtet sind. Die empfindsamen Lippen etwa bekommen im Vergleich zu ihrer Größe viel mehr Platz als die eher unempfindlichen Waden, und wenn man einen Menschen entsprechend der Repräsentation der Körperoberflächen im Gehirn zeichnet, bekommt man den berühmten Homunculus (siehe Abbildung 24). Wichtig an dem somatosensorischen Feld – der Körperfühlsphäre des Gehirns – ist die Tatsache, dass seine Größenordnungen nicht von Geburt an festliegen, sondern durch Training verändert werden können. Wer etwa seine linke Hand nicht nur zum Nasenbohren, sondern auch zum Geigenspielen benötigt, wird das entsprechende motorische Rindenfeld ausdehnen. In Tierversuchen lässt sich zeigen, dass wenige Monate Trainingszeit ausreichen, um Auswirkungen im Gehirn zu sehen.

**23** Lappen

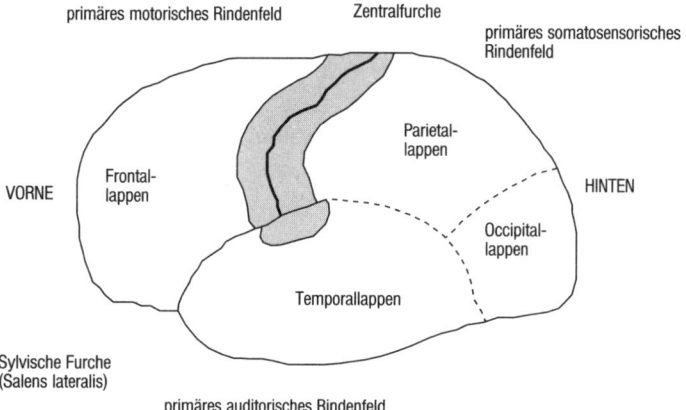

Das Gehirn in einer Seitenansicht; wir sehen auf die linke Hemisphäre.

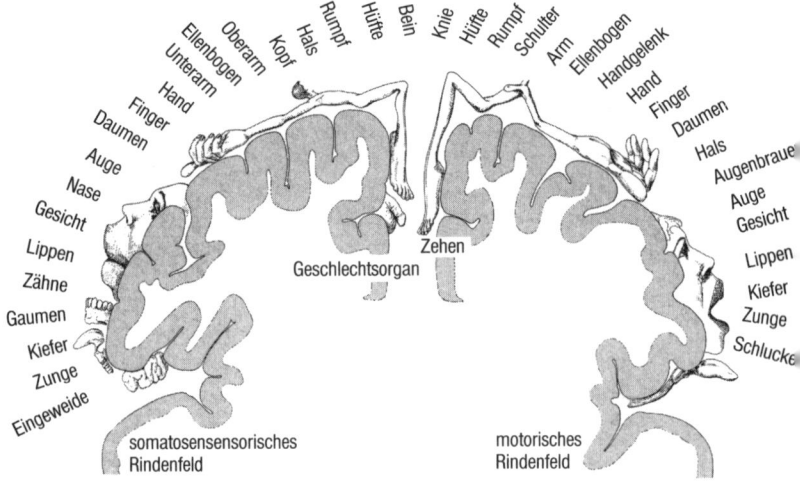

Die Darstellung, die senkrecht zur Abb. 23 verläuft, veranschaulicht, welche Partien der Körperoberfläche wie stark im somatosensorischen Rindenfeld vertreten sind, wobei zu beachten gilt, wie die äußere Reihenfolge der Glieder und die innere Anordnung zusammen passen.

## Des Lebens Süße – vom Zucker

Wer nach evolutionären Erklärungen beim Geschmack sucht, muss zuerst fragen, welche Aufgaben dieser Sinn überhaupt übernehmen kann. Die Antworten lauten, dass er Menschen zum einen helfen soll, die Nahrung zu finden, die ihr Körper braucht, und dass er sie zum anderen davor schützen soll, etwas zu essen, das sie vergiften würde.

Zucker gehört zu den Stoffen, die Menschen brauchen – und zwar aus vielen Gründen, die mit dem Stoffwechsel beginnen und mit der Verzuckerung von Proteinen noch nicht aufhören. Tatsächlich funktionieren viele lebenswichtige

Makromoleküle der Zellen menschlicher Körper nur, wenn sie mit einem molekularen Zuckerguss versehen werden, wodurch sowohl ein Schutz- als auch ein Wirkungsmechanismus zustande kommen. Und weil Zucker gebraucht wird, schmeckt er so süß. Es war für die menschliche Evolution relevant, ihn in jeder Menge aufnehmen, sobald er zu finden war, was in den Zeiten, in denen Menschen ihr Essen mühsam im Wald finden mussten und nicht bequem im Laden holen konnten, kein leichtes Unterfangen war. Dass die Lust auf das Süße ihren ursprünglichen Sinn verliert, wenn Zuckerwaren massenhaft hergestellt und in Konditoreien ausgestellt werden können, braucht nicht betont zu werden (siehe Kasten »Ersatz für das Süße«).

### Ersatz für das Süße

Wenn es einen Stoff gibt, der die Aufmerksamkeit von Menschen nicht nur in der Forschung und der Industrie, sondern allgemein hervorgerufen hat, dann trifft dies für den Zucker zu, der sogar als Vorname für eine Krankheit dient. Um die Zuckerkrankheit (Diabetes) soll es hier aber nicht gehen. Sondern um Ersatzstoffe für den natürlichen Lieferanten der Süße, der stets mit der Nebenwirkung behaftet ist, dem genießenden Menschen Kalorien zuzuführen, mit anderen Worten, ihn dick und dicker zu machen. Riesensummen werden daher in die Entwicklung von Zuckersatz gesteckt, wobei das Problem der Forscher darin besteht, dass es keine allgemeine Theorie gibt, die aus der Struktur eines Moleküls abzuleiten erlaubt, welchen Rezeptor es in den Geschmackszellen mit welcher Wirkung besetzt.

Die Suche nach Ersatzstoffen hat schon im 19. Jahrhundert begonnen, als die Gesundheitsbehörden in den USA feststellen mussten, dass ein Bürger des Landes pro Jahr fast 100 Pfund Zucker konsumierte, eine Zahl, die bis 2005 auf 140 Pfund gestiegen ist. Das sind mehr als ein Dutzend Löffel am Tag, in denen natürlich eine Menge Kalorien enthalten sind.

Der erste Zuckerersatz wurde 1879 in Baltimore entdeckt, und zwar zufällig. Er bekam den Namen Saccharin und erwies sich als 400-mal süßer als Zucker selbst. Im Lauf der weiteren Jahrzehnte wurde dann der Süßstoff Aspartam (1965) gefunden, und 1976 gelang es, aus einem vorgegebenen Zucker den Stoff Sucralose herzustellen, indem drei Chloratome durch drei Hydroxylgruppen abgelöst und ersetzt wurden, wie es in der Sprache der Chemiker heißt. Heute dominiert eine verbesserte Form des Aspartam das Feld, die am Computer entwickelt worden ist. Dieses Produkt trägt den Namen Neotam, ist 8000-mal süßer als Zucker und stammt aus Frankreich. Man kann es auch beim Kochen verwenden, und es findet sich in mehr als 1000 Produkten, die weltweit auf dem Markt angeboten werden.

So nötig es war, Zucker zu konsumieren, so dringend war es, Gifte zu meiden. Kein Wunder, dass sie bitter schmecken. Die Rezeptoren, die für die dazugehörige Empfindung sorgen, sitzen zwar bereits weit vorne an der Zungenspitze, aber sie versammeln sich erneut in starker Phalanx vor dem Schlund – vermutlich, um bei einer gefährlichen Substanz durch einen Würgereflex deren weiteres Eindringen in den Körper zu verhindern.

Zwar sind sich die meisten Menschen einig, wenn es um die Bewertung des Süßen geht – einmal abgesehen davon, dass es böse Blicke auf Dicke gibt, was aber mehr mit Fett und weniger mit Zucker zu tun hat –, aber die Geister scheiden sich, wenn es bitter schmeckt. Für manche kann der Espresso gar nicht bitter genug sein, während andere zwar das in ihm enthaltene Koffein wollen, dessen Geschmack aber durch Zugabe einer riesigen Menge an Zucker neutralisieren.

Am Beispiel des Koffeins lässt sich übrigens eine genetische Grundlegung des Schmeckens verdeutlichen, die zufällig entdeckt wurde, nachdem 1932 ein chemischer Abkömmling des Harnstoffs hergestellt werden konnte, der Phenylthioharnstoff oder ganz korrekt Phenylthiocarbamid heißt und unter der Abkürzung PTC bekannt ist. Als diese Substanz versehentlich in einem Laboratorium verschüttet wurde, beschwerten sich einige Mitarbeiter über den bitteren Geschmack, der nun in der Luft lag, während andere nichts bemerkten. Als ein Genetiker von dem Vorfall hörte, teilte er auf der nächsten Versammlung seiner Zunft das PTC in Form von kleinen Kristallen aus und notierte die Geschmacksempfindungen. Seit dieser Zeit unterscheidet die Wissenschaft PTC-Schmecker und PTC-Nicht-Schmecker, wobei die erste Gruppe über einen Rezeptor für das mit PTC bezeichnete Molekül verfügt und die zweite nicht. Wer PTC schmecken kann, empfindet das Bittere von Koffein – und damit das Besondere eines Espressos – intensiver als diejenigen, die dies nicht können. Was außen wie eine Frage des Geschmacks aussieht, erweist sich innen als eine Frage der Gene, mit denen jemand ausgestattet ist, und das Süße oder Bittere, das ein Mensch mag, lässt sich dadurch erklären, dass seine genetische Ausstattung ihm hilft, die beiden Qualitäten überhaupt zu schmecken.

Allerdings muss der Hinweis auf die Rolle der Gene nicht der Weisheit letzter Schluss sein, wenn es um Sinneswahrnehmungen geht. In diesem Bereich können noch viele zugleich einfache und schwierige Entdeckungen gemacht werden. Dies zeigt etwa ein Versuch, bei dem Probanden farbiges oder klares Wasser vorgesetzt wurde, das sie als »gleich riechend« bewerteten – jedenfalls solange ihnen die Augen verbunden waren. Als die Versuchspersonen die Farbe sehen konnten, stellten sie plötzlich fest, dass das klare Wasser weniger stark roch. Vielleicht erhöht die Wahrnehmung einer ungewöhnlichen – sprich: unerwarteten – Farbe die Empfindlichkeit der

Nase, denn jetzt gilt es ja, besonders wachsam zu prüfen, ob sich in dem Wasser etwas verbirgt. Die Sinne bleiben ein Rätsel, aber das ist ja auch das Schöne an ihnen.

## 4. Ein großes Organ mit wenigen Haaren

»Die Haut ist das größte Sexualorgan des menschlichen Körpers«, wie die amerikanische Anthropologin Nina Jablonski – also eine Menschenkennerin mit wissenschaftlichen Mitteln – in ihrem Buch über die Haut zu berichten weiß. Es heißt im Original einfach *Skin* und erzählt die Naturgeschichte der großen Membran, die menschliche Körper umhüllt und die farbig Umhäuteten zu ihrer Freude einfühlsam und an manchen Stellen höchst empfindlich macht. Der Kontakt von Haut zu Haut in der innigen Umarmung vor und bei der sexuellen Vereinigung und das sanfte Streicheln von Körperteilen des oder der Geliebten mit den Fingerspitzen und anderen sensiblen Hautpartien wie den Lippen bereiten Menschen ungemein viel sinnliche Freude. Sie gilt es erst einmal zu genießen, bevor es wieder wissenschaftlich ernst wird und man sich die Frage stellt, warum Menschen überhaupt so viel nackte Haut zeigen. Wo sind eigentlich all die vielen Haare geblieben, die unsere evolutionären Verwandten von ihren Vorfahren übernommen haben und bis heute überall am Körper tragen, während sie sich bei den meisten Vertretern der Spezies Homo sapiens auf ein paar Zonen – auf dem Kopf, unter den Achseln und um die Geschlechtsteile herum – beschränkt und zurückgezogen haben? Wie hat die Evolution ihn zustande gebracht, diesen nackten Affen, der zum Menschen wurde und seine Haut inzwischen unter Schichten von meist modisch variierten Kleidungsstücken versteckt? Und wie operiert die Haut, die es auf dem Planeten Erde mit seinen warmen und kalten Zonen in vielen Farben gibt, die vom hellen Weiß eines eleganten Porzellans über das erdnahe Braun einer Haselnuss bis zum tiefen Schwarz einer afrikanischen Nacht reichen?

## »Ich kann dich nicht riechen«

Bevor die Wahrnehmungsfähigkeit der Haut und ihre Förderung der sexuellen Lust zur Sprache kommen, muss der Blick noch einmal kurz und knapp in die Gegenrichtung gelenkt und daran erinnert werden, dass Haut nicht nur Reize aufnimmt, sondern auch verströmt (siehe Kasten »Goethes Faust auf Freiersfüßen«). Wenn bei der Darstellung des Geruchsinns der von allen Menschen mindestens einmal benutzte oder gehörte Satz »Ich kann dich nicht riechen« gefallen ist, dann ist damit unter anderem die Duftwolke gemeint, die einer Person entweder aus ihrem Mund entweicht oder von ihrer Haut ausgeht. Der Mundgeruch kann hier wegewedelt werden, aber bei der Haut soll wenigstens davon die Rede sein, dass ihr Aroma zwar ein Individuum charakterisieren kann – jeder Mensch bringt tatsächlich seinen eigenen Geruch mit sich, wobei detaillierte Untersuchungen bis zu den genetischen Grundlagen des Immunsystems führen –, dass diese persönliche Note aber merkwürdigerweise dadurch zustande kommt, dass Menschen gerade keine einsamen Individuen sind. Menschen leben nicht für sich allein, sie beherbergen vielmehr eine gigantische Zahl von Bakterien und anderen Organismen (Pilze, Flechten) auf ihrer Haut und geben den Mikroorganismen dort Lebensraum. Wer die Zahl der winzigen Mikroben auf einem menschlichen Körper ermittelt, wird mehr von ihnen als von den Zellen finden, mit denen der ganze Mensch entsteht und aus denen er zuletzt besteht.

---

### Goethes Faust auf Freiersfüßen

In Goethes Drama *Faust* verliebt sich der gleichnamige Held bekanntlich in ein Mädchen, und in seinem Gefühlsrausch verlangt er vom Teufel, ihm wenigstens etwas zum Riechen in die Hand zu geben, solange er das Mädchen selbst nicht in die Arme nehmen kann. Sein olfaktorisches Verlangen formuliert Faust so:

Schaff mir etwas vom Engelschatz!
Führ mich an ihren Ruheplatz!
Schaff mir ein Halstuch von ihrer Brust,
Ein Strumpfband meiner Liebeslust!

Goethe kannte sich offenbar im Einatmen der Düfte von geliebten Frauen aus, und er soll einer seiner Angebeteten, der berühmten Frau von Stein, ein Mieder entwendet haben, um schnüffelnd sein Wohlgefallen daran zu finden. Seine Zeitgenossen haben ihn dabei in Ruhe gelassen und deswegen weder beschimpft noch bestraft.

---

Mit anderen Worten: Man kann sich waschen, so viel man möchte, die Haut wimmelt von Kleinstgetier – vor allem ausgeprägt im Bereich der feucht-warmen Achselhöhlen –, und einige Exemplare dieser Gattung nutzen den Schweiß aus, den Menschen produzieren und durch ihre große Membran für das Fühlen ausscheiden, um die darin enthaltenen Chemikalien zu zerlegen. Und zwar so, dass dabei Bruchstücke entstehen, die als Duftstoffe in die Luft entweichen und auf diesem Weg die Nasen erreichen, in denen sie dann wirken. Wenn ein Mensch (nicht aktiv, sondern passiv verstanden) riecht, dann kommt dies durch die Aktivität der Mikrofauna zustande, die er auf seiner Haut beherbergt, und seit Jahren versucht die Wissenschaft zu klären, ob sich dabei neben persönlichen Unterschieden auch allgemeine Differenzen zwischen Völkern (Ethnien) zeigen. Für Japaner sind Europäer und Amerikaner zum Beispiel »Butterstinker«, und was die aktiven (apokrinen) Schweißdrüsen angeht, die in den Achselhöhlen die dort sitzenden Bakterien mit spaltbarem Material versorgen, so findet man bei Chinesen und Koreanern kaum welche, bei Japanern schon ein paar mehr, eine noch größere Zahl bei Europäern und Amerikanern und am meisten bei Menschen mit schwarzer Hautfarbe.

Die Frage »Warum riechen Menschen?«, verstanden in dem Sinne »Warum strömen Menschen einen attraktiven oder abstoßenden Geruch aus?«, findet mit der kausalen Erklärung über den Schweiß und seine mikrobielle Zersetzung eine vorläufige (erste) Antwort, die aber bestenfalls eine neue (zweite) Frage zur Folge hat, nämlich die nach dem dazu passenden Sinn. Warum hat die Evolution den Menschen gerade so eingerichtet, dass er diesen persönlichen und bekanntlich intensiven Geruch seiner Mitmenschen wahrnimmt?

Dazu wird mehr gesagt, wenn es erneut um die Nacktheit geht, die den humanen Schweiß erst richtig zur Geltung kommen lässt. An dieser Stelle soll aber in aller Kürze eine andere Form der evolutionären Erklärung vorgestellt werden, die an die zitierte Antwort aus dem Roman *Das Parfüm* anschließt, in der eine Amme sich zu erklären bemüht, wie ein Säugling riecht, ohne dafür das rechte Wort zu finden. Vielleicht lässt sich der gesuchte Begriff dadurch angeben, dass man sagt »Ein Neugeborenes riecht einfach gut« und damit meint, dass seine Duftnote dafür sorgt, dass nicht nur Mütter das kleine und hilfsbedürftige Lebewesen gerne an sich drücken und mit ihm schmusen. Säuglinge

riechen so gut, weil sie auf diese Weise ihre Chancen erhö-
hen, versorgt und verpflegt zu werden und damit zu überleben, wie es in der etwas nüchternen und manchmal vielleicht zu hart klingenden Sprache der Evolutionsbiologie
heißt, die vor allem und ohne Umschweife einleuchtend zu
erklären hat, wie Menschen und ihr Nachwuchs für ihr
Weiterleben gesorgt haben.

## Die Sensoren der Haut

Damit endlich zur Haut und den Gründen für die ihr mögliche Empfindlichkeit, die sich bei unterschiedlichen Reizen
meldet. Haut reagiert auf Berührung (also mechanisch, wie
man sagt), sie bemerkt die Temperatur (agiert demnach
thermisch, wie es heißt), und sie übermittelt zudem etwa
über Wunden und Kratzer eine Menge Schmerzen, selbst
wenn Menschen manchmal gerne darauf verzichten würden (siehe Exkurs »Schmerz«). Der Übergang vom angenehmen Streicheln mit den Fingerspitzen zum ärgerlichen
Ritzen mit dem Fingernagel kann dabei sehr rasch eintreten
und sich ganz plötzlich vollziehen, wobei durch den erhöh-
ten Druck andere Rezeptoren erreicht werden, bei denen
dann, wenn es wirklich wehtut, wissenschaftlich von Nozizeptoren die Rede ist. Der Begriff rührt vom lateinischen
Wort *nocere* (»schaden«) her.

Die Vielfalt ihres sinnlichen Vermögens hat der Haut
auch den Ehrentitel »Mutter aller Sinne« eingetragen, was
nicht zuletzt dadurch gerechtfertigt zu sein scheint, dass die
Ganzkörpermembran seit vielen Millionen Jahren den sie
nutzenden höheren Lebensformen alle möglichen angenehmen und relevanten Eindrücke über die überlebenswichtige
Außenwelt vermittelt.

Wenn die Haut ihre Sinneserfahrungen sammelt, setzt sie dafür verschiedene Rezeptoren ein, was an dieser Stelle des Buches ebenso wenig als bemerkenswerte Neuigkeit daherkommt wie die fortlaufende Beschreibung der Wege, die danach im Körper beschritten werden und mit denen die empfangenen Signale vorwärts und ihrem Ziel im Kopf näher kommen: Die Rezeptoren in der Haut wandeln ihren Erregungszustand erst in elektrische Signale um, die anschließend über getrennte Nervenfasern in das Gehirn gelangen, wobei natürlich viele von ihnen in den somatosensorischen Cortex einlaufen, der im letzten Kapitel vorgestellt worden ist.

Doch so klar und übersichtlich die Sinnesvermittlung durch die Haut auf den ersten Blick zu sein scheint: Die Forschungsergebnisse der jüngsten Zeit – also die aus dem 21. Jahrhundert – bieten statt eines übersichtlichen Bildes ein eher verwirrendes Szenarium, das man in folgender Beobachtung zusammenfassen kann:

Die Wahrnehmung eines einzelnen Reizes durch die Haut – zum Beispiel von Wärme oder Kälte oder einer leichten Berührung – benötigt mehrere Mechanismen (Wege) der Übertragung in das Gehirn, und ein einzelner Rezeptor kann mehrere Sinne versorgen – den der Temperatur und den des mechanischen Drucks zum Beispiel. Vor einigen Jahren konnten in dem Kontext unter anderem Kanalproteine identifiziert werden, deren Aktivität – Durchlässigkeit für geladene Teilchen – durch Wärme (durch eine bestimmte Temperatur) gesteuert wird. Die Wissenschaft kennt inzwischen eine Klasse von Proteinen, die in der Haut von Hautzellen sitzen – ihrer biologischen Membran –, sie durchqueren und vorübergehend für eine kurze Zeitspanne als Rezeptoren in Aktion treten. Man spricht von Proteinen mit einem *transient receptor potential* (TRP), und sie können als Kanäle ihre sinnlichen Informationen in Nervensignale umwandeln. Die Forscher bemühen sich emsig und redlich, in der überwältigenden Fülle der molekularen Sineslieferanten erste Muster und Mechanismen zu erkennen, und treffen dabei auf immer neue Überraschungen. Einige von den Kanälen lassen sich zum Beispiel dadurch aktivieren, dass die Haut leicht gestreckt wird, wie es etwa bei einer angenehmen Berührung passiert. Mit Beobachtungen dieser und anderer Art macht sich die biologische Wissenschaft daran, die molekulare Logik der Hautwahrnehmung und Schmerzrezeption zu erkunden, was ein spannendes Forschungsprogramm für Jahrzehnte ausmacht und so reizvoll wie die Haut selbst bleibt.

Mit zu den neueren Einsichten gehört die besondere Rolle, die sogenannte Epithelzellen bei der Sinneserfassung und Signalumwandlung spielen. Damit sind die Zellen gemeint, die äußere und innere Körperoberflächen – etwa beim Magen – bedecken. In diesem Kontext richtet sich der Blick nach außen und an dieser Stelle konkret auf die bekanntlich höchst empfindlichen Fingerspitzen (siehe Abbildung 25) eines Menschen. Hier lassen sich Zellen, die auf leichte Berührungen reagieren – sie heißen Meissner-Körperchen –, von Zellen unterscheiden, die Vibrationen oder stärkere Belastungen registrieren. Ihnen zur Seite stehen Zellen, die bei konstantem Druck ihre Signale verschicken und als Merkel-Zellen bezeichnet werden – wobei es passend wirkt, wenn der Namen der Bundeskanzlerin dort auftaucht, deren Aufgabe nicht zuletzt darin besteht, auf ständigen Druck zu reagieren. Zusätzlich enthalten Fingerspitzen sogenannte Ruffini-Körperchen, die für die Wahrnehmung der Temperatur benötigt werden, und den Schmerz schließlich vermitteln die freien Nervenenden, die im Bereich der Fingerspitze zu liegen kommen und sich ebenfalls knapp

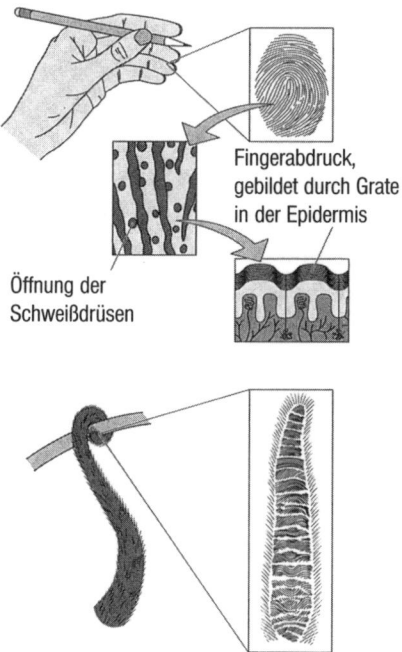

Fingerabdruck, gebildet durch Grate in der Epidermis

Öffnung der Schweißdrüsen

An einer Fingerspitze befinden sich winzige Grate oder Kämme, die von entsprechenden Strukturen der Epidermis gebildet werden. Zwischen den Kämmen liegen die Öffnungen der Schweißdrüsen. Die untere Abbildung zeigt, dass die kammartigen Strukturen auch auf der Unterseite des Schwanzes von Neuweltaffen angelegt sind, die sich damit festhalten können.

unter der Oberfläche tummeln und sofort melden, wenn etwas zu heiß oder zu spitz ist.

Bekanntlich versetzen Fingerspitzen einen Menschen in die Lage, mit ihrer Hilfe einen Gegenstand – seine Form und sein Oberflächenmaterial – zu ertasten. Die hohe Empfindlichkeit dieser extremen Enden der Hände zeigt sich auch im Gehirn, da den Spitzen dort im Cortex – genauer: den ihnen zugeordneten Nervenzellen – viel Platz zur Verfügung steht, der im Lauf der kulturellen Entwicklung zum Beispiel für die Erfindung der Blindenschrift genutzt worden ist. Es ist tatsächlich möglich, mit den Fingern zu sehen und zu lesen, wie es heißt, womit zunächst nur gemeint war, dass die Fingerspitzen für die Hand leisten, was die Fovea centralis für die Netzhaut zustande bringt. Doch die Analogie reicht weiter, nämlich bis in die Verarbeitung im Bereich der Nervenzellen hinein. Tatsächlich lassen sich auch im Tastbereich des Gehirns rezeptive Felder der Art finden, wie sie bei der Erkundung des Sehvorgangs in den für das Sehen zuständigen Arealen entdeckt worden sind.

Damit ist Folgendes gemeint: Wenn es zu einer vorsichtigen Hautberührung kommt, dann erfährt das Nervensystem davon durch die speziellen Konstruktionen, die in den Anatomiebüchern auch Merkelsche Tastscheiben heißen, was sicher keinen politischen Hintergrund kennt. Rund 100 solcher Zellen finden sich auf einem Quadratzentimeter der Fingerspitze, und sie reagieren besonders auf Punkte und Kanten, wobei die dazugehörigen rezeptiven Felder im Cortex weniger als drei Millimeter Durchmesser haben. Die Meldung der Merkel-Zellen hängt dabei – wie zu erwarten – nicht von der Stärke, sondern nur von der Form des Reizes ab.

In der Haut stecken aber nicht nur Rezeptoren, die den Tastsinn ermöglichen. In ihr befinden sich auch Rezeptoren, die Dehnungen bemerken – die dann auftreten, wenn wir ein Gelenk bewegen –, die auf Vibrationen reagieren und die Verschiebungen auf der Haut – das Krabbeln von Insekten etwa – melden, und von den Härchen, die vor allem Männerhände bedecken, war überhaupt noch nicht die Rede.

Ein spannendes Kapitel stellen die Sensoren der Haut dar, die unseren Körper über die Außentemperatur informieren. Sie setzen bei Bedarf die Reaktionen in Gang, die jeweils nötig sind, um die Innentemperatur bei den 37° zu halten, die wir zum Leben – etwa zur geeigneten Durchführung des Stoffwechsels – benötigen. Die Wissenschaft unterscheidet dabei zwischen Kälte- und Wärmesensoren, die jeweils nur eine Empfindung auslösen und auf der Haut getrennt liegen. Ihre Verteilung variiert von Körperregion zu Körperregion – sie ist im Gesicht anders als in den Intimbereichen –, was zu einer äußerst sinnvollen Möglichkeit führt, nämlich der, dass unterschiedliche Teile der Haut unterschiedlich empfindlich auf die Außentemperatur reagieren können.

Während Menschen eine Zeit lang nur angenehme Empfindungen haben, wenn die Luft um sie herum wärmer wird, lässt sich der Punkt absehen, an dem ihnen der Spaß vergeht und die steigende Hitze erst Mühe macht und zuletzt zur Pein wird. Wenn jemanden beim Duschen allzu heißes Wasser erwischt, reagieren nicht nur seine Wärmesensoren, sondern sehr rasch auch die Nervenenden, deren Aktivität höchst unangenehme Schmerzempfindungen nach sich zieht. Aber sie hilft auch dabei, die für das Überleben notwendigen Reaktionen in die Wege zu leiten, um sich vor dem Schmerzreiz zu schützen und seine Haut zu retten, wie man ganz allgemein sagt (siehe Exkurs »Schmerz«).

## Exkurs: Schmerz

Über Schmerz lässt sich wissenschaftlich nüchtern reden, etwa indem von Schmerzrezeptoren (Nozizeptoren in der Fachsprache) gesprochen wird, die Nervenbahnen aktivieren, von denen man wiederum weiß, dass sie durch geeignete Chemikalien (Opiate) blockiert werden können. Es geht auch, indem man fragt, wie es Placebos gelingt, Schmerz zu lindern, und antwortet, dass an dieser Wirkung körpereigene Opiate beteiligt sind, die Endorphine genannt werden (und tatsächlich nachweisbare Änderungen in der Aktivität des Gehirns nach sich ziehen). Aber wer länger über den Schmerz nachdenkt, wird irgendwann merken, dass man nicht bei dem biologischen Faktum stehen bleiben kann, sondern immer in Betracht ziehen muss, dass er die Menschen angeregt hat, ihr Leben zu deuten und einen Sinn im ihm zu suchen. Schmerz ist kein rein physiologisches Ereignis, sondern gleichzeitig emotional, kognitiv und sozial wirksam, wobei die letzte Bemerkung durch den Hinweis auf Kopfschmerzen und Migräne verständlich wird, und zwar nicht allein deshalb, weil sie umfangreiche Arbeitsausfälle nach sich ziehen.

Im 19. Jahrhundert glaubten einige Ärzte noch keck, den »Tod des Schmerzes« verkünden zu können, und zwar im Anschluss an die Entdeckung der Nützlichkeit von Äther, mit dem Patienten vor einem notwendigen Eingriff in einen Tiefschlaf versetzt werden konnten. Keine Frage, dieser Fortschritt und das anschließende Aufkommen der Anästhesie sind segensreiche Hervorbringungen der Zivilisation, und niemand wird freiwillig auf die Schmerzausblendung während einer Operation oder beim Zahnarzt verzichten. Aber daraus folgt nicht, dass Schmerz etwas ist, das durch Nervenzellen und ihre Aktivierung alleine zu erfassen ist und kaum mehr als das zumindest unangenehme und oftmals unerträgliche Signal des Körpers darstellt, dass irgendwo mit ihm etwas nicht in Ordnung ist. Tatsächlich hat sich die Einstellung zum Schmerz in jüngster Zeit gewaltig gewandelt, wie an der Tatsache abzulesen ist, dass die »Deutsche Gesellschaft zum Studium des Schmerzes« inzwischen zu der Überzeugung gekommen ist, dass der Schmerz einen selbstständigen Krankheitswert erlangt hat. Er ist nicht mehr die Botschaft der Krankheit, sondern die Krankheit selbst. Sie dreht sich nun um ihn und nicht mehr der Schmerz um die Krankheit.

Traditionell werden Schmerzen biochemisch erklärt – etwa durch die Übertragung von Nervenimpulsen, die an einer Wunde beginnen und von da aus zum Gehirn laufen. In diesem herkömmlichen Denkmuster versucht ein Arzt, dem Schmerz des Patienten dadurch Einhalt zu gebieten, dass er die ihn leitenden Nervenbahnen blockiert, die von der Peripherie ins Zentrum laufen. Zwar klappt dies zum Glück für viele Patienten sehr häufig, doch gibt es genügend Beispiele – etwa bei dem Gesichtsschmerz, der als Trigeminusneuralgie bekannt ist –, bei denen weder neurochirurgische Eingriffe noch biochemische Gegenmittel eine Wirkung zeigen. Zumindest solche Schmerzen – so der Schluss – entstehen nicht irgendwo am Rand des Körpers, sondern in seinem Zentrum. Man kann den Gesichtsschmerz nicht auf seinem Weg in den Kopf stoppen, weil er von Anfang an genau hier und sonst nirgendwo ist. Dieser Schmerz findet nicht nur im Kopf statt, er fängt dort an.

Wenn diese Beobachtung zutrifft, sollte man dem Schmerz eine andere Deutung als die eines Warnsignals geben. Dann gilt es, sich Gedanken über eine *culture of pain* – also »eine Kultur des Schmerzes – zu machen, wie es der amerikanische Literaturwissenschaftler David B. Morris getan hat, der in seinem auf Deutsch als *Geschichte des Schmerzes* betitelten Buch auf ein Problem hinweist, das an dieser Stelle besteht. Die Sprache des Menschen verfügt – wie beim Riechen – nur über eine kleine Zahl von Ausdrücken, um über den undefinierbaren Begriff »Schmerz« genauer reden zu können, was vor allem den Betroffenen zusätzliche Qual bereiten kann, da sie ihren störenden und ihnen das Gefühl der Hilflosigkeit vermittelnden Zustand zusätzlich als eine Art »Schmerzgefängnis« erleben, in dem sie alleine gelassen sind.

Wer über Schmerz redet, sollte wenigstens in aller Kürze auch auf positive Aspekte hinweisen, etwa die Tatsache, dass er in der Kultur von Menschen als »Medium der Leistung« wirkt und neben sportlichen Rekordjagden auch kreative künstlerische Hervorbringungen fördert. In den Worten von Morris:

»Wir können als Kultur keineswegs erfolgreich sein, wenn wir Schmerzen ignorieren oder verdrängen, als könnten wir sie mit einem Berg Pillen zum Schweigen bringen. Wir sind mehr als ein Neuronenbündel. Wir müssen den Sinn für die Wichtigkeit des Verstandes und der Kulturen bei der Entstehung von Schmerz wiederentdecken, und wir müssen beginnen, die Bedeutung von Schmerz zu erweitern, um menschliches Leiden nicht auf die Stufe eines lediglich physischen Problems zu reduzieren, für das es immer eine medizinische Lösung gibt.«

Damit ist der Sinn der Schmerzen angesprochen, der mehr wie ein Unsinn wirkt und auf jeden Fall völlig anders zu sein scheint als die Sinne, die wir bisher kennengelernt haben. Auf Schmerz scheint man gerne verzichten zu wollen – bis man sich einmal die Konsequenzen überlegt, was es bedeuten würde, wenn es keinerlei Schmerzmeldung des Körpers durch seine Nozizeptoren gäbe. Dann würde man zum Beispiel erst bemerken, dass man sich mit seiner Hand auf eine heiße Herdplatte gestützt hat, wenn es viel zu spät ist und bereits nach verbranntem Fleisch riecht. Tatsächlich ist der Schmerzsinn – wie die anderen Sinnesreize – ein wichtiges Instrument im Überlebenskampf, aber anders als etwa beim Sehsinn gibt es kein Schmerzareal im Gehirn, das man ihm zuweisen und in dem man ihn orten könnte. Die in das zentrale Nervensystem transportierten Nachrichten über schmerzende Stellen werden breit gefächert gemeldet und die neuronalen Informationen auf viele Regionen sowohl im Thalamus als auch im Cortex aufgeteilt.

Am Anfang einer Schmerzmeldung steht meist die Beschädigung von Körpergewebe und dabei bevorzugt die Irritation der Haut. Nach einer Verletzung der kaum noch behaarten Körperhülle – etwa durch ein Messer oder auch durch allzu heißes Wasser – tauchen wie von Zauberhand chemische Substanzen in der Blutbahn auf, die mit freien Nervenendigungen in der Haut Kontakt aufnehmen und sie aktivieren. Von hier aus entsteht das Schmerzgefühl, das Menschen dann reagieren und helfen lässt.

Doch erneut: So klar und übersichtlich diese in aller Kürze abgehandelte Mechanik der Schmerzleitung erscheint – bei dieser Empfindung reicht eine naturwissenschaftliche Behandlung ganz sicher nicht aus, wenn man sie verstehen will. Wenn auch der individuelle Schmerz fast schmerzhaft privat bleibt, so sind seine kulturellen Dimensionen und Auswirkungen unübersehbar, wie allein das Stichwort Opium nahelegt. Mit diesen milchigen Saft – griechisch *opion* – aus den unreifen Fruchtkapseln des Schlafmohns lässt sich zwar der Schmerz oftmals eindämmen. Doch bei Opium fällt vielen Menschen das Wort vom Rauschmittel ein, um das auch – im frühen 19. Jahrhundert zwischen den Briten und Chinesen – ein Krieg geführt wurde. Die Wissenschaft kann inzwischen zeigen, dass der Körper selbst in der

Lage ist, opiumartige Stoffe – Opiate – herzustellen, um mit ihrer Hilfe die Schmerzsignale daran zu hindern, in das Gehirn zu gelangen. Das Opium ist ein Gemisch von vielen chemischen Stoffen, deren prominentester Morphium heißt, wobei sich dieser Name von Morpheus ableitet, dem griechischen Gott des Schlafes und der Träume. Die körpereigenen Opiate haben einen ähnlich klingenden Namen – den der Endorphine – bekommen, und mit ihrer Hilfe lässt sich erklären, wie es dem Körper zum Beispiel in einer lebensgefährlichen Situation gelingt, trotz einer Verletzung keine Schmerzen zu spüren, um dem betroffenen Menschen die Chance zu geben, das rettende Ufer zu erreichen.

Eine Ergänzung aus jüngster Zeit, in der es Psychologen immer stärker aufgefallen ist, dass Menschen sich freiwillig in Situationen begeben, die ihnen Schmerzen bereiten, weil sie gerade durch die dazugehörigen Bemühungen oder Mühen das Gefühl bekommen, etwas zu tun, das sich wahrlich lohnt. Der Schmerz avanciert dabei zum Ziel einer Handlung in dem Sinne, dass körperlich und seelisch quälende Erfahrungen im Laufe einer Unternehmung – etwas eines Marathonlaufes oder eines Durchschwimmens des Ärmelkanals – an ihrem Ende dazu führen, das Erlittene als besonders großartig zu empfinden, gerade weil es so schrecklich wehgetan hat. Diese Haltung findet sich auch bei Ritualen von Gläubigen, die Gebete dann als besonders wirkungsvoll einschätzen, wenn sie ihnen möglichst viel abverlangen. Finden Menschen zum Glück durch Schmerz? Hoffentlich finden sie auch andere Wege – etwa beim Lesen oder wenn sie einem geliebten Menschen nahe kommen können.

## Mit Haut und ohne Haare

Wenn von der Haut die Rede ist, dauert es nicht lange, bis die Haare auf ihr erwähnt werden. Es gibt Menschen, die sich einen anderen mit Haut und Haaren einverleiben oder wenigstens in dieser doppelten Weise etwas von ihm haben wollen:

»Ich zog dich aus der Senke deiner Jahre
und tauchte dich in meinen Sommer ein
ich leckte dir die Hand und Haut und Haare
und schwor dir ewig mein und dein zu sein.«

So beginnt ein Sonett der deutschen Schriftstellerin Ulla Hahn (*1946), deren Zeilen liebevoll ansetzen, um leider traurig zu enden. Denn nachdem die liebende Frau sich dem geliebten Mann ganz hingegeben hat, passiert etwas Furchtbares, und das Gedicht endet mit den Worten:

»bis ich ganz in dir aufgegangen war:
da spucktest du mich aus mit Haut und Haar.«

Mit Haut und Haar – diesen Ausdruck benutzen viele Menschen gerne, vor allem, wenn sie verliebt sind und ihren Partner am liebsten mit Haut und Haaren fressen wollten. Aber beim genaueren Hinsehen fällt auf, dass da im Lauf der Evolution immer mehr Haut sichtbar geworden und weniger Haare geblieben sind, auch wenn viele Menschen dauernd zum Frisör rennen, selbst um den oftmals kümmerlichen Rest zu pflegen. Es gibt bei Menschen viel Haut und kaum noch Haare, die zudem mit zunehmendem Alter ausfallen, und natürlich versucht ein evolutionär orientierter Forscher zu ergründen, wie und warum es zu dieser Situation gekommen ist, wie und wodurch die menschliche Art als ein nackter Affe mit ein paar Haarbüscheln auf dem Kopf und in der Mitte erfolgreich geworden ist.

Schon für den Vater des evolutionären Gedankens, Charles Darwin, stellte sich hier ein Problem, da ihm die Nacktheit des Menschen keinen direkten Vorteil im Überlebenskampf zu bieten schien, wie er 1859 in seinem Hauptwerk über die *Entstehung der Arten* schrieb. In ihm wurde der durchgreifende Gedanke der natürlichen Selektion eingeführt, die Darwin allerdings nicht für das Verschwinden der Haare zuständig sah, wenn sie in seinem Verständnis auch allgemein zu den Eigenschaften von Lebewesen führen sollte. Seit diesen Tagen des 19. Jahrhunderts haben sich viele Biologen an dem Problem mit den ausfallenden Haaren versucht und dabei unter anderem vorgeschlagen, auf einer nackten Haut könnten sich weniger Parasiten ansiedeln und Krankheiten bewirken, was zu einem Überlebensvorteil werden konnte. Darüber hinaus wurde gelegentlich die Vermutung geäußert, die frühe Phase der Menschwerdung sei durch Leben im Wasser beeinflusst worden, etwa durch flache Seen oder Flüsse, in denen unsere Vorfahren ihre Nahrung fanden, bei deren Suche sie zusätzlich gelernt hätten, sich auf zwei Beinen zu bewegen. Die Haare könnten damals in der evolutionären Kinderzeit der Menschen durch eine Fettschicht ersetzt worden sein, wie der Gedankengang weitergeht, dem aber niemand so recht bis zum Ende folgen möchte.

»Die einzige Erklärung für die Evolution der Haarlosigkeit«, so drückt die bereits zitierte Anthropologin Jablonski in ihrem Buch über die »Haut« ihre überzeugende Ansicht aus, »die konsistent mit der fossilen und anatomischen Evidenz ist und auch die Umwelt des frühen Menschen berücksichtigt, konzentriert sich auf die Bedeutung des Schwitzens«, also auf eine Rolle des Schweißes, von denen eine andere bereits für den Körpergeruch erwähnt wurde. Natürlich weckt das Wort Schweiß in modernen Tagen primär viele unangenehme Erinnerungen – immerhin sollen Menschen unserer christlichen Kultur ihr Brot im Schweiße ihres Angesichts verdienen –, und das tropfende Nass wird am liebsten vor den Leuten verborgen und rasch von der Stirn weggewischt. Aber das sollte nicht dazu führen, die evolutionäre Bedeutung von Schweiß zu übersehen, die in der ungeheuren Abkühlung besteht, die einem Körper durch sein Absondern möglich ist. Sie versetzt den dazugehörenden Menschen in die Lage, ausdauernder zu rennen und zu jagen, als es alle seine Konkurrenten mit Haaren und Fell konnten – wobei sich jeder problemlos den Überlebensvorteil ausmalen kann, den eine schwitzfähige und schweißtreibende Haut auf diese Weise bietet.

Zu den raffinierten Betrachtungen der evolutionären Entwicklung gehört der Gedanke, dass, was immer sich auch entwickelt hat und im Leben Aufgaben übernimmt, nicht nur eine Hauptfunktion, sondern ebenfalls eine Nebenfunktion erfüllen kann. So erlauben Knochen bekanntlich die feste Konstruktion von Gliedmaßen, und während sie einem Körper etwa ein Bein verleihen, auf dem er aufrecht stehen kann, erlaubt dessen Verbindung mit dem Boden die Wahrnehmung von Vibrationen der Erde und somit das frühzeitige Registrieren von Erdbeben, vor denen man sich dann in Sicherheit bringen kann.

Im Lauf der evolutionären Jahrmillionen kann es sogar gelingen, eine Nebenfunktion – bei den Knochen die Leitung von mechanischen Schwankungen – in eine Hauptfunktion umzuwandeln, womit auf eine erste Weise verständlich wird, warum der Empfang und die Weiterleitung von Schallsignalen im Ohr, die im folgenden Kapitel vorgestellt werden, mit Knöchelchen operieren, die ursprünglich in Gelenken zu finden waren und dort ihren mechanischen Dienst leisteten, bevor sie in den Kopf wanderten und vor allem sensorisch agierten.

Was die Haut angeht, so hat die Nacktheit zunächst vor allem mit dem Schwitzen und der dadurch rascher möglichen Abkühlung und Erholung zu tun. Aber bereits bei Darwin findet sich die Notiz, dass sich die Aufgabe der haarlosen Haut nicht darin erschöpfen kann. Und in seinem 1872 erschienenen Werk über die Abstammung des Menschen – *The Descent of Man* –, in dem er dem Konzept der natürlichen Auswahl das Prinzip einer sexuellen Selektion an die Seite stellt, bietet er eine völlig andere Funktion der nackten Haut an und schlägt eine weitere Qualität dieses Riesenorgans vor, die essenziell zu sein scheint, auch wenn sie bislang nur wenig Popularität erlangt hat.

Der neue Gedanke kommt dadurch zustande, dass Darwin in den Jahren nach der 1859 erfolgten Publikation seines großen Werkes über den Ursprung der Arten den Gedanken entwickelt hatte, dass der menschliche Körper auch eine ästhetische Evolution durchgemacht hat, die zu Schönheit und ihrer Empfindung in dem Sinne führte, dass jeder Mensch einem Partner gefallen muss, wenn er mit ihm Nachwuchs zeugen will, was die eigentliche Aufgabe eines evolutionär entstandenen Handelns ist. Und bei dieser sexuellen Selektion könnte es Darwins Ansicht nach zu einer raschen Abwahl der haarigen Hautoberfläche gekommen sein. Die nackte Membran der Menschenkinder machte für den britischen Naturforscher in ästhetischer Hinsicht einen höchst auffälligen Unterschied zwischen Mensch und Affe aus, wobei Darwin keineswegs übersah, dass bei vielen Affen gerade und nur die genital-erogenen Zonen enthaart sind, während es beim Menschen umgekehrt ist und sich vor allem dieser Teil der Haut besonders reich behaart zeigt.

Es geht bei diesen Überlegungen insgesamt um die Ästhetik des Menschenkörpers, die ihre Wirkung durch die Sinnlichkeit und die Sinne eines wahrnehmenden Gegenübers entfaltet. Wobei als Fortsetzung dieser natürlichen Entwicklung bis in die Gegenwart hinein verständlich werden kann, warum sich derart viele Menschen nicht nur im europäischen Kulturkreis um eine äußerst variantenreiche Haar-Ästhetik kümmern, sodass die inzwischen eine eigene Industrie benötigt und eine Fülle von Menschen beschäftigt.

Die sexuelle Selektion, die Darwin eingeführt hat und dem Menschen den Weg zur Kultur öffnet, folgte für offenbar lange Zeit der Präferenz für enthaarte Hautpartien, auch wenn sich dabei unverkennbar praktische Nachteile erkennen lassen, die Menschen unserer Tage als Sonnenbrand und Schürfwunden erfahren müssen. Die ästhetische Tendenz der humanen Evolution hat dann auch – fast ist man geneigt, folgerichtig zu sagen – dazu geführt, dass vor allem der weibliche Körper enthaart wurde, wie ein eher unfein klingendes Wort den Tatbestand ausdrückt, der sich attraktiver formulieren lässt, indem man sagt, dass die Körperoberfläche von Menschen im Lauf seiner Naturgeschichte sexualisiert wurde und den Liebenden diente, auf die die Evolution ein besonders gefälliges Auge zu werfen hatte. Die nackte Haut kann als eine Meisterleistung der sexuellen Selektion betrachtet werden, wie Darwin sie eingeführt hat, und sie hat aus dem menschlichen Körper ein Organ seiner Lust gemacht. Sie lässt sich erfahren und spüren und weitergeben und genießen – besonders gut und gerne an den Stellen, an denen die Haut am dünnsten und das Gefühl des Kontakts am schönsten ist, an den Lippen also. Das wissen nicht nur Säuglinge, wenn sie die Brust der Mutter suchen und finden. Das wissen auch erwachsene Menschen, die sich im Akt der Liebe ganz nah kommen und intim werden wollen, wie man sagt. Es ist die Haut, die sie belohnt, wenn sie sich hautnah zu spüren bekommen und nicht mehr loslassen wollen. Dass man dabei zuletzt so schön schwitzt – *in the heat of the night* –, vergrößert nur den Spaß. Jetzt macht den Liebenden noch ein Sinn mehr Lust, und sie wollen gar nicht mehr zur Ruhe kommen.

## 5. Vom schwankenden Luftdruck zum musikalischen Eindruck

Nach langen Anläufen soll es nun endlich um den rätselhaftesten der menschlichen Sinne gehen, das Hören nämlich. Dabei ist der Übergang vom letzten Abschnitt entweder von den ins Ohr abgewanderten Knochen oder über die Schmerzempfindung möglich, und im zweiten Fall sogar auf doppelte Weise. Er findet sich zum einen in dem Sprichwort »Wer nicht hören will, muss fühlen« – zum Beispiel den Schmerz, den eine Ohrfeige auf der Backe eines Knaben hinterlässt, die ihn belehren soll, sich an Rauchverbote oder ähnliche Vorschriften zu halten, die er gerade missachtet hat. Der Übergang gelingt aber auch mit dem Hinweis auf den Lärm der Städte, der schon im 19. Jahrhundert als Seuche der Zukunft bezeichnet wurde und eher schlimmer geworden ist. Der Krach hat bis in unsere Gegenwart mit ihren Massen von Maschinen mit knarrenden Motoren höchstens noch zugenommen, und so allmählich kapitulieren viele Menschen vor dieser Belästigung, sie stopfen sich Stöpsel in die Ohren und wünschen dabei, man könne diese Organe so einfach zuklappen wie die Augen. Wer hat nicht schon einmal die herrliche Ruhe des Waldes gesucht, nur um plötzlich hinter sich eine blödsinnige Motorsäge losgehen zu hören. Und wer hat nicht den befreienden Blick auf eine leicht rauschende Meeresbucht genießen wollen, nur um durch das aggressive Knattern irgendeines Motorboots so abgelenkt und aufgeregt zu werden, dass dabei unmittelbar Mordgelüste entstehen. Mit diesem blödsinnigen Krach entstehen körperliche und seelische Schmerzen zugleich, wobei der erste Aspekt der Wissenschaft näher steht, da sie genaue Lärmpegel angeben kann, bei denen das Leiden anfängt, wirklich wehzutun und Spuren im Körper zu hinterlassen – etwa bei startenden Flugzeugen, aufheulenden Motorrädern oder einem dröhnenden Presslufthammer (siehe Kasten »Der Lärm der Glocken«, »Dezibel« und Tabelle 4).

## Der Lärm der Glocken und anderer Dinge

Gewöhnlich wird die Gegenwart als visuelle Kultur verstanden, in der Bilder dominieren, mit denen das Sehen die erste Rolle unter den Sinnen übernimmt. Spätestens seit es den Buchdruck gibt und die aufkommende Schrift der überlieferten oralen Kultur des Erzählens ihre frühe Bedeutung genommen hat, dient das Auge den Menschen als leitender Sinn. Das wird besonders in der Epoche der Aufklärung deutlich, die voll von visuellen Metaphern ist und das Licht der Erkenntnis zum Leuchten brachte. Das Hören scheint weniger mit dem Denken und mehr mit Affekten zu tun zu haben, dabei hatte das Ohr stets auch als diagnostisches Instrument gedient, etwa wenn ein Arzt seinen Patienten durch Klopfen abhorcht, oder Menschen ihre Hörorgane spitzen, um durch den gehörten Klang einer Stimme oder einer Maschine zu ermitteln, ob mit der Schallquelle alles seine Ordnung hat.

Leider macht es Mühe, eine historische Studie der Klangwahrnehmung zu unternehmen, da es entsprechende Tonaufzeichnungen erst seit 1877 gibt, also seit dem Jahr, in dem der Amerikaner Thomas A. Edison den ersten Phonographen konstruierte und Klang aufnehmen konnte. Unabhängig davon hat der französische Kulturwissenschaftler Alain Corbin in seiner Monographie über Die Sprache der Glocken versucht, etwas über »die ländliche Gefühlskultur« im 19. Jahrhundert zu sagen, also von einer Zeit zu erzählen, als das Glockengeläut nicht bloß eine angenehme Sinneswahrnehmung war, sondern massiv den alltäglichen Rhythmus des Lebens prägte. Es gab in Frankreich Versuche des Nationalkonvents, das permanente sakrale Läuten zu verbieten und den Gebrauch der Glocken dem alltäglichen zivilen Treiben unterzuordnen. Doch die politischen Bemühungen scheiterten am Widerstand der Bevölkerung, die sich nicht an der sinnlichen Gewalt der Glocken störte, sondern eher an ihr berauschte. Dieser Affekt zeigt sich heute nicht mehr, denn »die gegenwärtigen Türme unserer Kirchen«, so schreibt Corbin, »können uns keine Vorstellung von den alten Geläuten vermitteln, die manchmal aus zehn bis achtzehn Glocken bestanden. Die Erschütterung der Atmosphäre durch das Erschallen all dieser Glocken verursachte in den Köpfen eine Art Schwindelgefühl, das den Geist alle anderen Sorgen vergessen ließ.«

Der Lärm der Glocken wurde bald vom Krach des Industriezeitalters abgelöst, als der Lärmpegel stieg, ohne die seelische Wirkung des Kirchengeläuts zu ersetzen. Der neue Lärm wurde mit dem beginnenden 20. Jahrhundert als Problem empfunden, was 1908 zur Gründung des deutschen Lärmschutzbundes führte. Der Großstadtlärm kam damals durch »das helle Rollen der Droschken, das schwere Poltern der Postwagen, das Klacken der Hufe auf dem Asphalt, das rasche scharfe Stakkato des Trabers, die ziehenden Schritte des Droschkengauls« und andere Geräusche zustande, wie zeitgenössische Quellen es beschreiben.

Hier könnte eine Klanggeschichte der Neuzeit beginnen, die von Radios, Ghettoblastern, Lautsprechern, Sirenen, Motorrädern, Autocorsos, Presslufthämmern, Betonmischmaschinen, Rasenmähern, Mobiltelefonen, Fluglärm, Fahrstuhlmusik und ohrenbetäubenden Krachmachern zu erzählen hätte, die es endgültig bedauerlich erscheinen lassen, dass man die Ohren nicht einfach so schließen kann wie die Augen, und die einem sinnesfrohen Menschen den Wunsch eingeben, wieder im dosierten Zeitalter der Glocken zu leben – wenn sie nur nicht zu früh mit dem Läuten begännen.

## Dezibel

Lautstärken werden seit den 1920er-Jahren in Dezibel angegeben, wobei das Wort wie sein Pendant namens Zentimeter aus zwei Teilen besteht, von denen am Ende die Einheit steht, vor der alles ausgeht. Bei der Länge kommt man vom Meter zu einem Hundertstel davon, einem Zentimeter eben. Und beim Schall kommt man von einem Bel zu einem Zehntel davon, einem Dezibel. »Bel« rührt vom Namen des Mannes her, der das Telefon erfunden hat, also von Alexander Graham Bell, und zunächst ging es den Ingenieuren bei der Einheit Bel darum, ein Maß für die Bestimmung der Energie festzulegen, die beim Transport von Signalen durch Telefonleitungen verloren ging.

Heute drückt man mit Dezibel die Lautstärke eines Geräusches aus, wobei eine Schwierigkeit von Laien mit der Skala daher rührt, dass sie die Dezibel nicht hören, sondern nur messen können. Dezibel misst den Schalldruck, und hoffentlich so, dass das Ergebnis mit der Erfahrung von Tönen wenigstens annäherungsweise etwas zu tun hat. Die Ingenieure machen ihre Messeinheit Dezibel zusätzlich dadurch vertrackt, dass sie eine logarithmische Skala einsetzen, was zum Beispiel konkret bedeutet, dass ein Schalldruck von 70 Dezibel zehnmal so groß ist wie ein Schalldruck von 60 Dezibel, der wiederum zehnmal stärker ist als einer von 50 Dezibel, und so weiter. Immer dann, wenn ein Geräusch zehnmal lauter wird, kommen zehn Dezibel hinzu, und die gesamte Skala fängt bei einem Referenzwert null an, der technisch korrekt durch einen physikalischen Druckwert gegeben ist, der eine andere Einheit benutzt, die Pascal heißt. Die gerade noch mit den Ohren wahrnehm- und also hörbare Grenze von Schalldruck kann präzise ermittelt werden, und sie liegt bei 20 Mikropascal, falls dies jemand so genau wissen möchte. Für sie gilt die Angabe »null Dezibel«.

## Die Stärke der Geräusche

| Dezibel | Geräusch |
|---|---|
| 10 | Atmen, raschelndes Blatt |
| 20 | Ticken einer Armbanduhr |
| 30 | Flüstern |
| 40 | Leise Musik |
| 45 | Die üblichen Geräusche daheim |
| 50 | Regen, Kühlschrankbrummen |
| 55 | Ein normales Gespräch |
| 60 | Nähmaschine, Gruppengespräch |
| 65 | Kantinenlärm |
| 70 | Fernseher, Schreien, Rasenmäher |
| 75 | Verkehrslärm |
| 80 | Telefonläuten |
| 90 | Lastwagen |
| 100 | Ghettoblaster |
| 110 | Diskomusik, Motorsäge, Autohupe |
| 120 | Presslufthammer, Gewitterdonner |
| 130 | Autorennen, Düsenjäger |

Aber auch wenn das Heulen, Rattern und anderer Lärm noch so sehr stören und verärgern, die angenehmen Besonderheiten des akustischen Sinns liegen am anderen Ende des Genussspektrums, nämlich dort, wo Musik gespielt wird, deren Klänge und Melodien in ein menschliches Ohr gelangen und dort auf wunderbare Weise Gefühle auslösen – meist positive, wie selbst Wilhelm Busch meint, der sonst nicht viel für diese Kunst übrighat, weil sie bekanntlich »mit Geräusch verbunden« ist. Selbst gibt der humorige Poet zwar zu, »Musik ist angenehm zu hören«, er unternimmt dies allerdings mit der wenig freundlichen Einschränkung, »doch ewig braucht sie nicht zu währen.« Für viele Menschen kann Musik aber gar nicht lange genug dauern und gespielt werden, und es gehört zu den ganz weit offenen und zugleich spannenden Frage der Wissenschaft, was alles im Kopf passieren muss, um den kontinuierlich einlaufenden Schall und seine physikalischen Eigenschaften in die Töne, Melodien und Rhythmen zu verwandeln, die in ihrer Gesamtheit als oftmals herrliche Harmonien empfunden werden, dabei Glücksgefühle und Trauer auslösen können und es in seltenen Fällen sogar schaffen, junge und alte Zuhörer bis zur Ekstase zu treiben.

In der Cochlea befinden sich etwa 16.000 Haarzellen, deren winzige Bewegungen Kanäle öffnen, durch die dann Ladungen strömen, mit denen elektrische Signale ins Gehirn gelangen und Menschen hören lassen. Das heißt, sie sind unentwegt irgendwelchen Lauten und physikalischen Reizungen ausgesetzt, und eine der vielen möglichen Fragen zur sinnlichen Wahrnehmung lautet, wie, wo und wann aus solch einer permanenten Kakophonie der kohärente Ton geschaffen wird, den Menschen als Musik wahrnehmen.

Zum Glück – oder wie man sonst sagen will – sind die Haarzellen wie die Tasten auf einem Klavier angeordnet. Das heißt, an einem Ende reagieren sie auf Töne mit hohen Frequenzen, und am anderen Ende sprechen sie auf solche mit niedrigen Frequenzen an, und durch diese Anordnung werden zeitliche Strukturen der von außen einlaufenden Musik in einen räumlichen Code der organischen Innenwelt verwandelt, der weiter nach oben in die Zentrale gemeldet wird. Gemeint ist das Gehirn, in dem die empfangenen Informationen dauernd erprobt und eingeübt werden, was den verantwortlichen auditiven Cortex nach einigem Lernen und Gewöhnen in die Lage versetzt, sich Noten herauszusuchen. Solche Töne können Menschen gut hören und dabei auch unterscheiden, ob sie nun von einer Trompete oder von einer Klarinette kommen. Doch Musik besteht aus mehr als aus einzelnen Noten, und bald fängt das

Gehirn mit seinen Neuronen an, nach einem Muster in der Tonfolge zu suchen, das eine Melodie ergeben könnte. Mit dieser aktiven Suche einer lauschenden Person, und nicht mit den eintreffenden Geräuschen selbst, nimmt das musikalische Erlebnis seinen Anfang.

Mit dieser Präzisierung lässt sich verstehen, warum dieselbe Folge von Tönen einen (vielleicht jungen) Zuhörer entzücken und einen anderen (möglicherweise älteren) erschrecken kann. Das heißt, diese beiden Rollen als unterschiedlich reagierende Zuhörer kann ein einzelner Mensch im Lauf der Zeit übernehmen. Und zwar dann, wenn er sich in seinem Leben mithilfe von akustischen Erfahrungen ein anderes Gefühl für Harmonie aneignet und etwa von einem frühen Verächter von Igor Strawinskys *Le Sacre du Printemps* zu einem Bewunderer wird. Oder wenn er sich zunächst von den Beatles verzücken lässt, wenn sie *Roll over Beethoven* singen, bevor er sich nach und nach mehr und zunehmend lieber an dessen Streichquartetten labt und schließlich bevorzugt den späten Werken den Vorzug gibt.

Musik scheint Menschen vor allem dann auf- und anzuregen, wenn es ihrem auditiven Cortex anfänglich Mühe macht, das zunächst verborgen bleibende Muster ihn ihr ausfindig zu machen und herauszuhören. Wenn eine Melodie allzu einfach und absehbar eintönig daherkommt, langweilt man sich leicht. Ein waches Gehirn will das angebotene Muster entdecken, und es fühlt sich belohnt – und beglückt seinen Träger –, wenn es dazu anständig suchen muss, um fündig zu werden und genießen zu können.

## Spannende Musik

In seinem längst als Klassiker verehrten Buch *Emotion and Meaning in Music* hat der amerikanische Musikwissenschaftler Leonard Meyer im Jahre 1956 am Beispiel eines Streichquartetts von Beethoven – genauer: am Beispiel des fünften Satzes aus Opus 131 in cis-Moll – analysiert, wie die Wirkung von Musik gerade nicht durch die Festlegung auf eine Ordnung, sondern durch ihr elegantes Spielen möglich wird. Beethoven beginnt den Satz nämlich mit deutlichen rhythmischen und harmonischen Mustern, die vielfach umkreist und leicht variiert, aber nicht wiederholt werden. Er erzeugt dadurch – so Meyer – eine Ungewissheit, und der Hörer wartet auf einen harmonischen Dreiklang, den der Komponist aber bis zum Ende aufhebt, was die Spannung erhöht und den Zuhörer zur Konzentration bringt. Meyer zufolge steckt die Quelle des musikalischen Empfindens in dieser unerfüllten Erwartung mit ihrer geheimnisvollen Spannung. Musik liefert eine Form, deren Bedeutung durch ihre Übertretung entsteht, wobei das Publikum rasend werden kann, wenn das Gehörte völlig anders als das Erwartete klingt – atonal statt tonal und dissonant statt konsonant – und insofern als die Sprengung einer Form erfahren wird, die selbst unerhört bleibt. An moderne Musik muss man sich eben gewöhnen. Arnold Schönbergs Kompositionen brauchten Zeit, bevor sie dem Publikum gefallen konnten, und einige Menschen stecken immer noch in der Phase des Lernens.

Wer die Wirkung von Musik untersucht, darf nie außer Acht lassen, dass es höchstwahrscheinlich völlig andere akustische Signale waren, für die menschliche Ohren eingerichtet wurden und an die sie besser angepasst sind. Gemeint sind die Laute der Sprache, mit der Personen sich verständigen, wobei für die Frage des Signalempfangs wichtig ist, dass sie durch die Luft kommen, was verständlich macht, warum das menschliche Ohr sich als darauf eingestellt zeigt. Es ist für die Frequenzen am empfindlichsten, in denen sich die sprachliche Kommunikation abspielt (und sorgt für das Überhören oder Ausblenden der Körpergeräusche mit niedriger Frequenz etwa durch den Blutstrom). Als weitere Gabe hat die Evolution das Ohr eines Menschen so eingerichtet, dass ein 1000-mal stärkeres Signal nur etwa 10-mal lauter empfunden wird, um einen weiten Intensitätsbereich überspannen zu können – vom Flüstern zum Donnern, wie am Beispiel der Dezibelskala oben deutlich gemacht worden ist.

Wie gesagt – das menschliche Hörsystem reagiert in den Bereichen am empfindlichsten, in denen die Sprache angesiedelt sind, was die scheinbar logische Folgerung nahelegt, dass es für die Wissenschaft am leichtesten sein müsse, die Wahrnehmung von Worten zu erkunden. Genau da aber tut sich die Forschung besonders schwer, und zwar gleich am Anfang, denn mit dem einen Ausdruck »Sprechen« sind alle möglichen Versionen gemeint, die vom Nuscheln über das Flüstern bis zum Rufen und weiter reichen, und dabei tauchen für denjenigen zu viele Probleme auf, der ein klares Eingangssignal braucht, um mit seiner Arbeit beginnen zu können, also für einen Wissenschaftler. Solche Signale gibt es dafür von Stimmgabeln oder einfachen Instrumenten, und so versteht ein Forscher das Hören, indem er die Wahrnehmung der Töne analysiert, die zusammen – in Beziehung zueinander – die Musik werden können, die viele seiner Mitmenschen schätzen.

Als Urvater der Hörforschung kann insofern der legendäre Pythagoras von Samos angesehen werden, dem vor 2500 Jahren der Legende nach beim Umschauen in einer Schmiede auffiel, dass gleichzeitig angeschlagene Hämmer harmonisch klingen können. Sie tun dies genau dann, wie Pythagoras durch sorgfältiges Nachmessen dann weiter feststellte, wenn ihre Massen in einem einfachen Zahlenverhältnis zueinander stehen. Bald konnte Pythagoras ähnliche

Relationen auch an den Saitenlängen der wohlklingenden Lyra nachweisen. Mit anderen Worten, das Gehör von Menschen erkennt mathematische Gesetzmäßigkeiten, die sich zum einen von Forschern erkunden und zum Zweiten von Musikern nutzen lassen sollten.

Was akustisch wahrgenommen wird, stammt meist von Schallquellen, die wie Stimmbänder oder Saiten periodisch schwingen, und bei den dabei entstehenden harmonischen Signalen lassen sich eine Grundfrequenz und Obertöne unterscheiden. Diese Obertöne, die ein Vielfaches der Grundfrequenz aufweisen, sorgen für die Klangfarbe eines Instruments und also dafür, dass ein C auf einer Flöte anders klingt als dasselbe C, wenn es von einer Klarinette gespielt wird. Einen Wissenschaftler interessiert nun die Beobachtung, dass Obertöne zwar andere Frequenzen aufweisen, aber mit gleicher Tonhöhe erklingen – sogar dann, wenn ihre Grundfrequenz gar nicht vorkommt (siehe Abbildung 26). Der Schluss liegt nahe, dass Frequenz und Tonhöhe als unabhängige Größen vom Hörsystem weitgehend separat verarbeitet werden, und eine der vielen offenen Fragen in diesem Bereich lautet, wie dies im Verlauf der Signalverarbeitung im Gehirn und anderswo im Kopf geschieht.

Wenn man an einem Klavier die Taste für den Ton C3 mit einer Frequenz von rund 131 Hertz – das C unter dem mittleren C – anschlägt, werden neben der Grundfrequenz auch Obertöne zu hören sein. Wenn man den Ton immer leiser anschlägt (von oben nach unten), ist die wahrgenommene Frequenz zuletzt physikalisch gar nicht mehr präsent. Wir hören also Töne, die gar nicht da sind, und es darf gefragt werden, wie das Gehirn dabei vorgeht. Es gibt verschiedene Theorien zur Wahrnehmung der Tonhöhe, die hier aber nicht analysiert werden können.

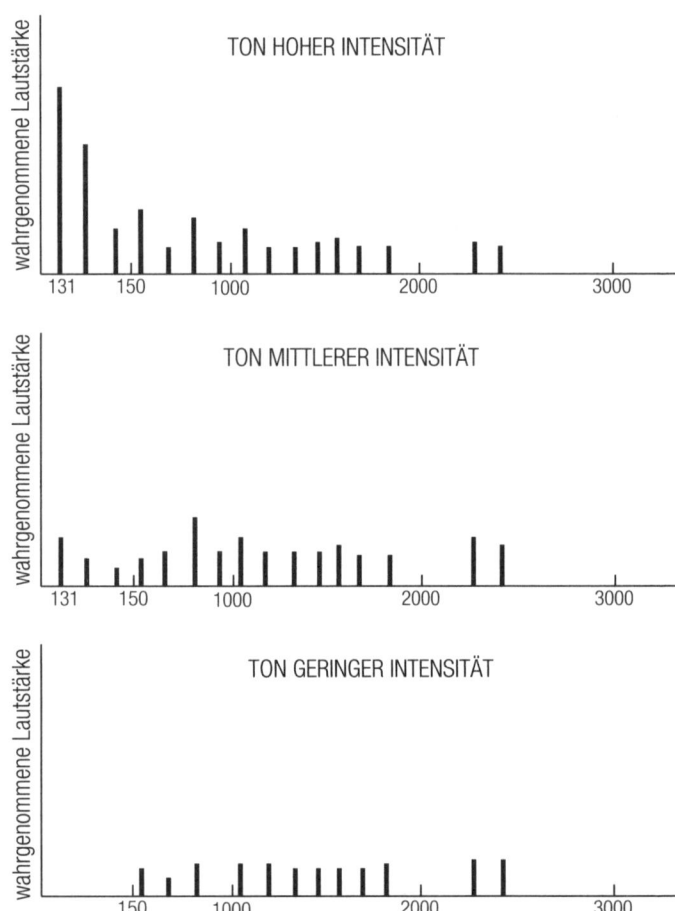

Wenn auf dem Klavier ein Ton immer leiser angeschlagen wird –
von oben nach unten –, den das Ohr und sein Gehirn wahrnehmen,
verschwindet zuletzt sogar die Frequenz von 131 Hertz, die das C unter
dem mittleren C charakterisiert. Man hört etwas, das physikalisch gar
nicht vorhanden ist.

## In die Muschel

Bevor dem Weg der Hörinformation weiter ins Ohr gefolgt und von dort in das Gehirn aufgestiegen wird, um zu verstehen, wie das komplexe Eingangssignal nach und nach umgewandelt und zerlegt wird, noch ein paar allgemeine Anmerkungen.

Hören ist wie gesagt ein höchst komplizierter Sinn, und so wundert es nicht, wenn die Biologen zu der Ansicht gekommen sind, dass die Evolution die ersten Milliarden Jahre des sich entwickelnden Lebens hat verstreichen lassen, ohne einen besonderen Gehörsinn zu entwickeln. Wahrscheinlich kann man erst bei den Land- oder Wirbeltieren von einem Hörsystem reden, auch wenn sie vermutlich zuerst nicht viel mehr als brummende Basstöne und ein unstrukturiertes Rauschen wahrgenommen haben, das zur Vorsicht führte und so vielleicht von Anfang an eine Bedeutung innehatte, die heute manchen Worten vergeblich zugeschrieben wird.

Hören beginnt – physikalisch ausgedrückt – mit leichten Schwankungen des Luftdrucks, die unsere Ohren erreichen. Sie registrieren Schallwellen, wie man dasselbe auch mit anderen Worten ausdrücken kann, und zwar ausschließlich. Diese Einsicht hat Albert Einstein einmal zu der ironischen Bemerkung veranlasst, vom Standpunkt der Physik aus könnte man Beethovens *Neunte Symphonie* als Luftdruckkurve notieren (was natürlich nur erkennen lässt, was einseitig orientierte Menschen versäumen, die solch einen singulären Standpunkt für den einzig wahren halten und sich an ihm orientieren).

Es sind zwar die Schwingungen der Luftmoleküle, die als Schallwellen ins Ohr gelangen, aber schon an dieser Stelle ist zu betonen, dass Musik nicht nur aus diesen Bewegungen besteht, sondern sich mehr aus Beziehungen zwischen den Tönen ergibt, die das Ohr erreichen. Sie sind allerdings der Beobachtung nicht direkt zugänglich. Die hier zuständigen Disziplinen der Wissenschaft müssen sich ihnen also auf Umwegen nähern, wobei ihre entsprechenden Ergebnisse zeigen, wie ein menschliches Gehirn eine Klangempfindung Schicht um Schicht errichtet, um zuletzt aus dem sinnlich empfangenen Material etwas von Bedeutung zu konstruieren.

Geräusche – auch musikalische Klänge – werden bereits vom hörenden Subjekt verändert, sobald sie seine Ohrmuscheln erreichen, da hier bestimmte Frequenzen verstärkt werden. Unsere Ohrmuscheln sind zu klein, um langwellige Frequenzen zu reflektieren. Sie verstärken Komponenten hoher Frequenzen, wodurch jede Musik ein bisschen »höher« klingt, als sie eigentlich ist.

Auf dem weiteren Weg von der Ohrmuschel über den Gehörgang bis zum Trommelfell lässt sich messbar eine Druckwelle ausmachen und verfolgen. Im Mittelohr vollzieht sich die Übertragung in mechanische Bewegung mithilfe von drei Knöchelchen, dem berühmten Dreigespann Hammer/Amboss/Steigbügel, deren Zusammenwirken zuletzt das sogenannte ovale Fenster in Schwingungen versetzt (siehe Abb. 27). Damit ist eine Art Haut gemeint, die als Membran das mit Flüssigkeit gefüllte Innenohr abschließt.

Mit dem Mittelohr gelingt es zum einen, die Schwingungsenergie, die auf das Trommelfell trifft, fast vollständig auf die Flüssigkeit im Innenohr zu übertragen. Das Mittelohr schafft es zum Zweiten aber auch, Musik vom Kopf fernzuhalten. Die Gehörknöchelchen vermitteln zwar ohne Weiteres das Musizieren eines Streichquartetts, aber bei einem lauten Rockkonzert spielen sie manchmal nicht mehr mit. Es kommt zu einer Erschöpfung der Muskeln, die an

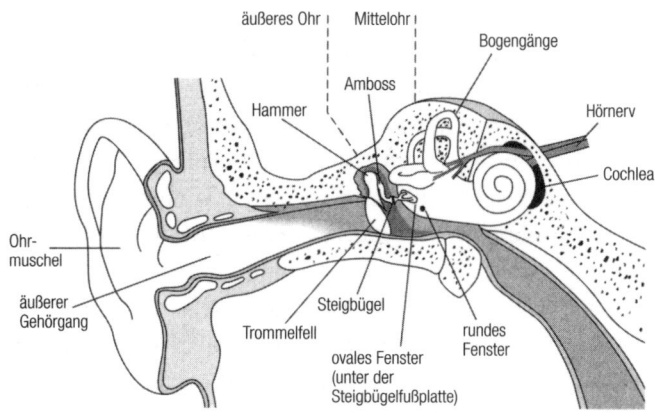

Der Schall gelangt in das Ohr durch die Muschel, setzt sich durch den äußeren Gehörgang fort und erreicht über das Dreiergespann aus Hammer, Amboss und Steigbügel das Innenohr. Dort befinden sich u.a. die Schnecke (Cochlea) und drei Bogengänge, die das gehörte Signal einem Hörnerv zuleiten und damit dem Gehirn zugänglich machen. Es wurde oben beim Auge gesagt, dass sich Charles Darwin dem Auge gegenüber hilflos fühlte und es nicht erklären konnte. Wenn er mehr über das Ohr gewusst hätte, wäre er erst recht verzweifelt gewesen. Ein erstaunliches Gefüge von zusammenwirkenden Teilen.

den Gehörknöchelchen ziehen können. Sie verrichten diese Arbeit vor allem, um den »Eigenlärm« zu reduzieren, den wir beim Sprechen machen, wenn der Schall direkt durch den Kopf zum Innenohr gelangt. Sie folgen dabei der Betonung jeder Silbe – also auch jetzt, wenn ich zum Beispiel »Lo-li-ta« sage oder höre, und zwar so deutlich mit oder nach dem Antippen der Zunge, wie es Vladimir Nabokov am Anfang seines gleichnamigen Romans empfiehlt.

Im Innenohr gelingt die Übertragung des im Ohr Empfangenen auf die Nervenzellen. Vom ovalen Fenster aus läuft eine Druckwelle durch enge, schneckenförmig aufgerollte Kammern (die Cochlea), bis sie auf ein sehr kompliziertes organisches Gebilde trifft – das Cortische Organ –, in dem Haarsinneszellen in Gruppen aufgereiht sind. Jede Gruppe ist besonders empfindlich für bestimmte Schallfrequenzen – Soprantöne am Anfang der Cochlea, Basstöne in der Spitze der Spirale. Wenn sich die Härchen biegen, feuern sie Nervenimpulse ab, womit der Ton im Gehirn angekommen ist. Alle Töne erregen dabei gleichzeitig viele Nervenzellen, was eine einfache Analyse des Vorgangs ausschließt (siehe Kasten »Hilfe beim Hören«).

Das Cortische Organ ist etwa 35 mm lang und etwa 0,3 mm breit; hier finden sich rund 14.000 Rezeptorzellen mit etwa 32.000 Nervenfasern, die aus der Cochlea austreten und ins Gehirn ziehen. Das mag zwar viel klingen, wird aber im Vergleich mit den Augen relativiert, bei denen 100 Millionen Rezeptorzellen das Licht einfangen, und deren Informationen werden über eine Million Nervenfasern im Sehnerv weitergeleitet.

---

### Hilfe beim Hören

Ein sogenanntes Cochleaimplantat (CI) kann Gehörlosen ihre Fähigkeit zum Hören zurückgeben, solange ihr Hörnerv noch intakt ist und funktioniert. Die Initiative dafür verdankt die Menschheit dem in Australien geborenen Arzt Graeme M. Clark, der als Jugendlicher miterleben musste, wie sein Vater ertaubte. Clark nahm 1978 die erste Implantation von Elektroden in die Cochlea vor, um durch Reizung der zuständigen Neuronen das Hören zu ermöglichen. Das heißt, erst nehmen Patienten mit einem CI nur so etwas wie eine Kakophonie wahr, und es dauert etwas, bis das Gehirn lernt, darin bedeutsame Signale zu finden. Ein CI wird bei Patienten eingesetzt, denen die Haarzellen im Cortischen Organ verloren gegangen sind, und die heute verfügbaren Implantate umgehen alle Hardware der Ohren und wenden sich direkt an das Gehirn und seine Hörzentren.

Ein Cochleaimplantat besteht vor allem aus fünf Komponenten, von denen drei außerhalb des Körpers bleiben und zwei von Chirurgen in den Schädel eines Menschen eingefügt werden. Das ganze System empfängt seine Töne mit einem Mikrofon, das mit einem Kopfhörer knapp über dem Ohr des Patienten angebracht ist. Dieses wandelt die Schallwellen in elektronische Signale um, die einem digitalen Sprachprozessor zugeführt werden, dessen Software daraus veränderte Signale generiert. Die transformierte Botschaft gelangt anschließend zurück zum Kopfhörer, in dem sich zudem ein Transmitter befindet, der die ankommenden Signale jetzt über Radiofrequenzen in den Schädel leitet. Dort treffen sie auf einen sogenannten Stimulator, der die elektronischen Impulse mithilfe einer Reihe von Elektroden in das Cortische Organ einspeist. Diese elektronischen Signale werden von den auditiven Nerven aufgenommen und in die höheren Regionen des Gehirns weitergeleitet.

## Vom Eingreifen des Gehirns

Die Cochlea ist nicht bloß eine Art Mikrofon mit Anschluss ans Gehirn, durch das jede Note einer Sonate getreu übertragen wird. Vielmehr fängt das Gehirn schon auf dieser ersten Stufe des Hörens mit seinem Eingreifen an, da es Nervenfasern zu den Nervenzellen der Cochlea entsendet, um deren Sensitivität zu steuern. So werden körpereigene Geräusche ausgeblendet (Pulsschlag), aber auch Klänge oder Stimmen bei hoher Lautstärke im Hintergrund (Party) hörbar.

Wir »hören« in der Großhirnrinde (im auditiven Cortex), wenn die Signale nach angemessener Umwandlung dort angekommen sind. Auf dem Weg von der Cochlea zum Cortex muss die Musik allerdings durch den Hirnstamm mit seinen »Klumpen« (»auditorische Kerne«) (siehe Abbildung 28). Dabei wird der Schall in seine Einzelteile gespal-

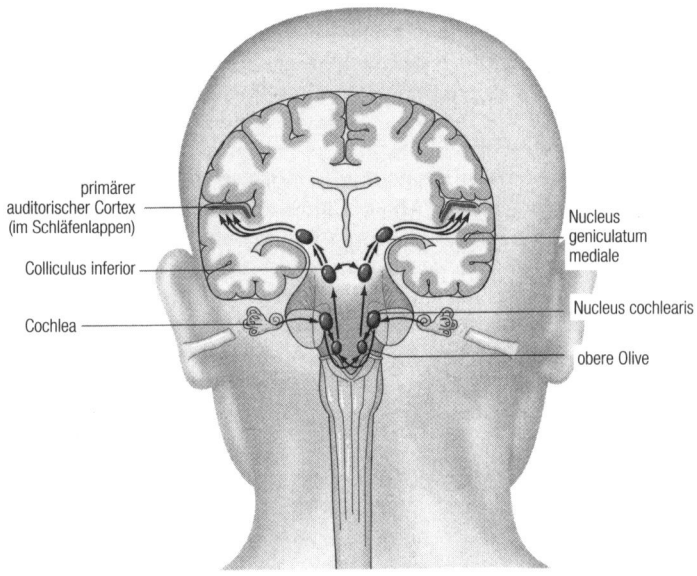

primärer
auditorischer Cortex
(im Schläfenlappen)

Colliculus inferior

Cochlea

Nucleus
geniculatum
mediale

Nucleus cochlearis

obere Olive

Der Schall auf dem Weg ins Gehirn, der über Bereiche des Stammhirns verläuft – hier scheint die Lokalisation einer Schallquelle zu erfolgen – und über Relaisstationen ins Großhirn gelangt.

ten, wobei die Nervenzellen in jedem Kern frequenzabhängig angeordnet sind – die höchsten und tiefsten liegen jeweils an den Enden, genau wie in der Cochlea selbst.

Möglicherweise stellen diese »Frequenzlandkarten« unterschiedliche Aspekte der Musik dar – etwa die Laufzeitunterschiede eines Tons für jede Frequenz oder die relative Lautstärke der Frequenzen an jedem Ohr –, die auf höherer Ebene zusammenfließen, um hier endlich eine Flöte von einer Klarinette unterscheiden zu können, was uns zu der eingangs erwähnten Frage zurückbringt, wie das Gehirn die

Tonhöhe analysiert. Es wurde angedeutet, wie das komplexe Eingangssignal nach seinen Frequenzen zerlegt und entlang der Cochlea »abgebildet« wird. Die Schnecke kann aber mehr, wie inzwischen verstanden worden ist, und ihre Windungen bieten dem Gehirn auch die Möglichkeit, eine zeitliche Analyse des Signals vorzunehmen, mit der dann die Verarbeitung der Tonhöhe gelingen kann, wie sich im Detail nur mathematisch erläutern lässt (was hier unterbleiben soll, obwohl die wissenschaftliche Erkundung von harmonischen Klängen im Abendland mit der Einsicht des Pythagoras begonnen hat, dass Musik durch ihren mathematischen Fußabdruck analysierbar wird).

Wenn Menschen Musik hören, benötigen sie alle Mithilfe des auditiven Cortex. Dieses Rindenfeld hebt zum Beispiel bestimmte Frequenzen hervor und unterdrückt andere, es kombiniert Frequenzen, indem es Gruppenkonturen herausarbeitet. Klänge werden etwa danach zusammengefasst, ob sie gemeinsam beginnen oder enden oder ob sich ihre Merkmale langsam verändern, wie das bei Naturlauten meist der Fall ist. Für die Musik wichtig ist die Tatsache, dass die Hörfelder automatisch die Obertonreihe klassifizieren, die von Natur aus bei einfachen schwingenden Objekten entsteht.

Sie helfen auch, den Unterschied zwischen Geräuschen im Hintergrund (passives Hören) und aufmerksam erlauschten Tönen (aktives Hören) zu erklären. Im ersten Fall wird das eintreffende Schallsignal allein im Hirnstamm analysiert. Seine neuronalen Schaltkreise erlauben dabei die Unterscheidung von Frequenz, Lautstärke und Ort. Aktives Hören kommt aus dem Cortex, der in der wahrgenommenen Musik nach Hinweisen und Mustern sucht und dafür die Fähigkeit zur Antizipation entwickelt hat, die ab und zu ein Ärgernis werden kann. Schließlich wartet der menschliche Cortex – wartet der Hörer – immer auf den nächsten Ton, der durchaus auch aus dem Nebenzimmer kommen kann und die Konzentration von der Arbeit ablenken oder einen sogar trotz aller Müdigkeit am Einschlafen hindern kann.

### Die weitere Verarbeitung

Der akustische Sinn wird zwar von außen durch Schallwellen aktiviert, beim Hören kommt es aber auf den Ton an, der bekanntlich die Musik macht. Unter einem Ton versteht man Schallschwingungen mit einem definierten Muster von Obertönen, und offenbar kommen die Instrumente, die Töne produzieren, und die Ohren, für die sie bestimmt sind, gut miteinander zurecht. Ein Ergebnis der Wissenschaft lautet jedenfalls, dass die Physik der Musikinstrumente der Biologie menschlicher Ohren entspricht, wobei es hier mehr um die höher angesiedelte Frage gehen soll, wie das Gehirn einen Ton hört.

Die Anordnung der frequenzspezifischen Neuronen, die in der Cochlea beginnt und sich durch den Hirnstamm zieht, bleibt im primären auditiven Cortex erhalten. Hier gibt es eine lange Reihe dünner Bänder, die bestimmten Frequenzen vom Bass bis zum Sopran zugeordnet sind. Allerdings – die Folge der Bänder ist nicht mit einer Klaviertastatur zu vergleichen, und aus dem Muster der aktiven Neuronen lässt sich der am Ohr eintreffende Akkord nicht bestimmen. Dazu müsste noch mehr über andere Strukturierungen der primären Hörrinde bekannt sein, etwa über die Nervenzellen, die als Säulen angeordnet und für die Wahrnehmung von einzelnen Tönen – etwa des oben vorgestellten Klaviertons C3 – zuständig sind.

Die weiteren Analysen vollziehen sich in einem zweiten auditiven Cortex, der die primäre Hörrinde umgibt und nur von ihr informiert wird. Hier werden Beziehungen zwischen Tönen hergestellt. Bei Tieren ist bekannt, dass es in dieser sekundären Großhirnpartie einzelne Felder gibt, die der Analyse eines bestimmten Aspekts von Schall dienen. Wie viele Felder dieser Art es im Gehirn des Menschen gibt, ist nicht bekannt.

## Rechts und links

Bei der Verfolgung der Wege, die von den Sinnesorganen ausgehen und in das Innere des Gehirns führen, ist bislang nur nebenbei berücksichtigt worden, dass das Organ der Weltwahrnehmung aus zwei Hälften besteht. Spätestens beim Hören kann und muss erwähnt werden, dass die beiden Hemisphären nicht gleich agieren, sondern verschieden tätig werden und sich dabei spezialisiert haben (siehe Abbildung 29). Melodien werden vornehmlich in der primären Hörrinde registriert, wobei (nicht bei allen, aber bei der überwiegenden Zahl der Menschen) die rechte Hemisphäre sowohl bei der Identifikation von Tönen als auch bei der Erfassung und Erinnerung von Melodien der linken Hirnhälfte überlegen ist. Diese ist eher für die Analyse rhythmischer Muster in Melodien zuständig, was sich zum Beispiel daran zeigt, dass die rechte Hand, die ihre Befehle aus der linken Hemisphäre bekommt, einen Takt besser klopfen kann.

Profimusiker setzen bei der Wahrnehmung von Melodien mehr die linke Hemisphäre ein, wobei wahrscheinlich ist, dass ihre rechte Hälfte nicht weniger aktiv geworden ist, sondern die linke etwas gelernt hat – zum Beispiel die Fähigkeit, kurze Bruchstücke einer Melodie zu erkennen.

**Die beiden Hirnhälften**

<u>linke Gehirnhälfte</u>                                                          <u>rechte Gehirnhälfte</u>

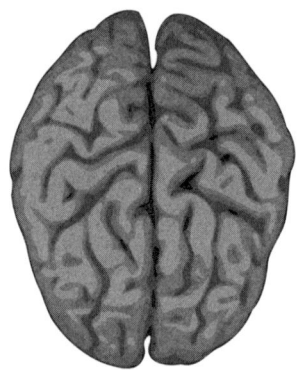

| linke Gehirnhälfte | rechte Gehirnhälfte |
|---|---|
| analytisches Denken | synthetisches Denken |
| erfasst Einzelheiten | erfasst Zusammenhänge |
| linerares Denken | ganzheitliches Denken |
| Verstand | Gefühle |
| Logik | Instinkt |
| Sprache | Intuition |
| Mathematik | bildhaftes Denken |
| Wissenschaft | Musik |
| Zeitempfinden | Kunst |
| Regeln/Gesetze | Raumempfinden |
| | Kreativität |

Die beiden Hälften des Gehirns, die durch einen Balken mit dem Namen Corpus callosum verbunden sind, weisen ihre Spezialitäten auf, über die viel spekuliert wird. Klar ist, dass die rechte Hand aus der gegenüberliegenden linken Hirnhälfte gesteuert wird sowie die linke Hand durch die rechte Hirnhälfte, wobei diese motorische Zuordnung an dieser Stelle nicht stehen bleibt, sondern zum Beispiel auch die Gesichtsmuskeln betrifft. In der linken Hemisphäre werden mehr die logischen, analytischen und rationalen Fähigkeiten eines Menschen verortet, während rechts unsere Intuition und das ganzheitliche Denken verwahrt bleiben. Interessant ist, dass die asymmetrische Entwicklung des Gehirns schon vor der Geburt beginnt und in leicht unterschiedlichen Ausformungen der Lappen erkennbar ist.

Übrigens – die Untersuchung der Tongestalt von Melodien, wie sie aus Volksliedern bekannt sind (»Muss i denn, muss i denn zum Städele hinaus …«), hat die Wissenschaft schon im 19. Jahrhundert auf die Idee gebracht, dass ein menschliches Gehirn mehr erfasst als die Summe einzelner Töne und vielmehr in der Lage ist, Gestaltqualitäten zu hören. Gestaltqualitäten entstehen durch die Wahrnehmung

Eine Gestaltqualität beim Sehen. Gezeichnet sind acht schwarze Punkte mit weißen Linien; die Wahrnehmung schließt die Lücken zwischen den Punkten und lässt den Betrachter einen würfelartigen Kasten erkennen.

von Tönen, die im Gehirn auf »Vorstellungskomplexe« treffen, wie es sich der Begründer dieser Idee, Christian von Ehrenfels, 1890 vorgestellt hat. Aus seinem akustischen Gedanken ist im frühen 20. Jahrhundert ein visuelles Forschungsprogramm geworden, das unter dem Namen Gestaltpsychologie kurz aufblühte, bevor es von politischen Umtrieben ruiniert wurde (siehe Kasten »Georg von Békésy und Christian von Ehrenfels«). Dabei haben die ersten Gestaltpsychologen eine Reihe von Regeln formuliert, die nach wie vor erklären, wie die Welt visuell (und akustisch) geordnet wird. Sie kannten zum Beispiel das Gesetz von der geschlossenen Gestalt, demzufolge unser Gehirn vollständige Muster bevorzugt (siehe Abbildung 30), was vom Hören her vertraut ist: Melodien vertragen bekanntlich keine Sprünge. Es gibt weiter das Gesetz der guten Fortsetzung, das dafür sorgt, dass Melodieabschnitte – wie hintereinander liegende Linien – automatisch verbunden werden und dicht aufeinanderfolgende Töne als melodische Linie gedeutet werden. Das Gesetz der Ähnlichkeit besagt, dass sich benachbarte Töne zu verschiedenen Linien gruppieren, wenn sie von zwei unterschiedlichen Instrumenten gespielt werden.

## Georg von Békésy und Christian von Ehrenfels

**Georg von Békésy** (1899–1972) ist in Ungarn geboren worden und auf Hawaii gestorben. In der Zwischenzeit war er Professor für Physiologie an der weltberühmten Harvard-Universität im amerikanischen Cambridge, und 1961 wurde er mit dem Nobelpreis für Medizin ausgezeichnet, und zwar sowohl für seine Erkundungen des anatomischen Aufbaus des menschlichen Innenohrs als auch für seine Theorien über die physikalischen Mechanismen, mit denen das Ohr operiert.

Man spricht von einer Wanderwellentheorie und ergänzt sie heute um Vorstellungen von einem zellulären Verstärker, den von Békésy *cochlear amplifier* genannt hatte. Ihm verdankt die Menschheit auch Geräte zur Diagnose von Störungen, die bei der Empfindung von Schall – also beim Hören – auftreten. **Christian von Ehrenfels** (1859–1932) stammt aus Wien und konnte als österreichischer Philosoph eine erste Gestaltpsychologie oder Gestalttheorie entwerfen und vorlegen. Eine Gestalt ist – so wie ein Ganzes – mehr als die Summe seiner Teile, wie das Beispiel einer Melodie zeigt, die mehr als die Summe ihrer Noten ausmacht. Man kann Melodien transponieren, das heißt, völlig andere Noten (Teile) ergeben dieselbe Melodie, dasselbe Ganze. Die Fähigkeit der Wahrnehmung besteht nach von Ehrenfels darin, Gestaltqualitäten hervorzubringen, wie in dem musikalischen Beispiel angedeutet. Seine Arbeit *Über Gestaltqualitäten* erschien 1890, als er Professor in Wien war und bevor er nach Prag berufen wurde, wo er bis 1929 als Professor für Philosophie wirkte. Er beschäftigte sich mit Themen wie »Größenrelationen und Zahlen« und dachte »Über Fühlen und Wollen« der Menschen nach.

Grundsätzlich lässt sich der Schluss ziehen, dass ein Gehirn immer auf der Suche nach einer einfachen Lösung für die eintreffenden Signale ist, was aber nicht immer gelingt, zum Beispiel nicht bei der Zwölftonmusik, die auf ein tonales Zentrum verzichtet. Ohne solch eine Orientierung fehlen einem Hörer Anhaltspunkte, was ihn kaum genießen lässt, was er hört.

## Die erschaffene Wirklichkeit

»Das mag erstaunlich sein, sollte aber nicht überraschen, denn tatsächlich gibt es ja ›da draußen‹ weder Licht noch Farbe, es gibt lediglich elektromagnetische Wellen; es gibt ›da draußen‹ weder Schall noch Musik, es gibt nur periodische Schwankungen des Luftdrucks; ›da draußen‹ gibt es weder Wärme noch Kälte, es gibt nur Moleküle, die sich mit mehr oder minder großer mittlerer kinetischer Energie bewegen, usw. Schließlich gibt es ›da draußen‹ ganz gewiss keinen Schmerz.«

So lautet der berühmte Satz, der von dem Kybernetiker Heinz von Foerster stammt und in seinem Buch *Das Konstruieren einer Wirklichkeit* zu finden ist (siehe Kasten »Heinz von Foerster«).

Foerster gehört zu der Gruppe von Wissenschaftlern, die man als Konstruktivisten bezeichnet, weil sie der Ansicht sind, dass die Umwelt, so wie Menschen sie wahrnehmen, eine Erfindung unserer Artgenossen ist. Der Gedanke ist nicht ganz neu und zum Beispiel schon bei dem italienischen Philosophen Giambattista Vico zu finden, der 1710 in seiner *Neuen Wissenschaft* geschrieben hat, »wenn die Sinne aktive Fähigkeiten sind, so folgt daraus, dass wir die Farben machen, indem wir sehen, die Geschmäcke, indem wir schmecken, die Töne, indem wir hören, das Kalte und Heiße, indem wir tasten«.

Die Naturwissenschaft kann tatsächlich nachweisen, dass zum Beispiel das Bild, das Menschen vor Augen haben, nicht einfach eine Art Fotografie, sondern mehr ein Gemälde ist, das unser Gehirn aktiv malt. Allerdings scheint der Begriff der reinen Konstruktion zu weit zu gehen, denn schließlich müssen sich Menschen im evolutionären Wettstreit durchgesetzt haben, und da war es sicher nützlich – um das Mindeste zu sagen –, sich wenigstens grundsätzlich an den Gegebenheiten der Wirklichkeit zu orientieren. Mir scheint daher, dass Menschen die Welt in ihrem Kopf nicht konstruieren, sondern rekonstruieren. Wenn dies der Fall ist, können sie nur erfolgreich sein, wenn sie die Welt vor ihren äußeren Augen nicht aus den inneren Augen verlieren und Rücksicht auf sie nehmen. Und deshalb irrt der Kybernetiker, wenn er sagt, dass es »da draußen« keine Musik gibt. Natürlich gibt es sie, und zwar in den anderen Menschen, die da draußen vor einer Person stehen und sich gemeinsam mit ihm oder ihr hörend erfreuen. Ohne die anderen bietet keine Welt – auch die im Kopf nicht – jemandem einen Sinn. Dieser Sinn ist das Geschenk von Menschen an die Welt, die sie hervorgebracht hat und erhält. Sie wird reicher durch ihn – also durch und in dem Kopf von Menschen, dessen Sinne ihn offen für die Welt machen.

*Heinz von Foerster*

**Heinz von Foerster** (1911–2002) wurde in Wien geboren und ist in Kalifornien gestorben. Er hat viele Jahre an amerikanischen Universitäten gelehrt und dabei die kybernetische Wissenschaft mitentwickelt, die in den Jahren nach dem Zweiten Weltkrieg als Lehre von den Steuermöglichkeiten von Menschen und Maschinen populär wurde und Begriffe wie »Feedback« (Rückkopplung) prägte, die inzwischen in die Alltagssprache eingegangen sind. Von Foerster vertrat philosophisch gesehen die Position eines radikalen Konstruktivismus, der Wahrnehmung als eine (vom Subjekt) durchgeführte Konstruktion aus dem betrachtet, was die Sinne liefern, und dem, was das Gedächtnis bereitstellt. Objektivität, verstanden als Übereinstimmung zwischen einem wahrgenommenen Bild und der Realität, von der seine Signale ausgingen, bleibt für von Foerster unerreichbar. Auch was Wissenschaftler wissen und mitteilen, darf nicht als ihre Entdeckung verkauft, sondern sollte als ihre konstruktive Erfindung verstanden werden. Menschen konstruieren ihre Wirklichkeit, die sich allerdings per Rückkopplung einschalten kann, zum Beispiel dann, wenn das Erwartete nicht mit dem Erlebten zusammenpasst. Für von Foerster stellt das Gedächtnis das wichtigste Sinnesorgan dar. »Was wir wahrnehmen, stammt aus dem Gedächtnis«, konnte man von ihm hören oder lesen. Seine Ideen werden dort bleiben.

# Weitere Sinne im Wechselspiel

Die Frage nach einer genauen Zahl der menschlichen Sinne und ihrer Organe wird besonders in den westlichen Ländern ernst genommen und mit präzisen Antworten versehen. In der europäischen Zone der Erde geht die Wissenschaft seit 400 Jahren nach der letztlich willkürlich formulierten Vorschrift von Galileo Galilei vor, der zufolge alles, was es auf der Welt und in der Natur gibt, erst messbar zu machen ist, um danach dann auch tatsächlich abgezählt und sauber quantifiziert zu werden. Wie warm ist es in der Hölle? Und wie viel Platz bietet das Tor, das in sie über wie viele Stufen erst hinein und dann wie tief genau hinab führt?

Größenordnungen dieser Art etwa glaubte Galilei noch unzweideutig wissen und eindeutig ermitteln zu können. Doch bevor jetzt jemand in den modernen und von Informationsfülle bedrängten Zeiten über solch ein Ansinnen lacht, sollte er erst innehalten und dann bemerken, dass sich dieser Gedanke der möglichen Quantifizierung von Dingen und das dazugehörige Verlangen nach scheinbar präzisen Angaben durch die Jahrhunderte souverän gehalten haben und selbst bis heute weitgehend grassieren. Der große Isaac Newton etwa wollte im 18. Jahrhundert die Farben im Regenbogen präzise abzählen und ist dabei auf die Sieben gekommen, auch wenn die von ihm genannten Nuancen niemand so genau sehen kann und es einige Mühe bereitet, die Grenzen zwischen einzelnen Farbtönen scharf zu positionieren, etwa zwischen Blau und Violett. Im 19. Jahrhundert machte man sich dann daran, die exakte Menge der Atome oder Moleküle zu bestimmen, die sich in einem gegebenen Volumen befinden und ihm seine Qualitäten verleihen. Und seit dem 20. Jahrhundert gibt es eine Art internationalen Wettbewerb der Wissenschaft, in dem Biologen sich heftig argumentierend darüber streiten, wie viele Gene denn nun zu einem Menschen, zu einer Maus oder einer anderen Hervorbringung der Evolution gehören. 22687 oder so ähnlich lautet die Zahl, die für das humane Genom zirkuliert, nur dass diesen sinnlos präzisen Wert niemand glauben muss und erst recht nicht ernst nehmen sollte. Bei Newton findet sich immerhin noch ein sinnvoller Rahmen für seine Antwort auf die Frage nach dem Regenbogen, und der besteht darin, die Zahl seiner leuchtenden Farben am Himmel an die Musik anzulehnen und mit den Intervallen einer Oktave in Übereinstimmung zu bringen. Sieben – so lautete Newtons auf Harmonie angelegter und dadurch etwas mystischer Vorschlag, und im 20. Jahrhundert hat ein esoterischer Gelehrter namens Rudolf Steiner versucht, etwas Ähnliches auf die Beine zu stellen, indem er eine eigene Zahlenmystik konstruiert und versucht hat, die Mannigfaltigkeit der menschlichen Sinne durch eine quantitative Angabe zu bestimmen, die von außerhalb der Wissenschaft stammt. Der als Begründer des anthroposophischen Denkens mit seinen spirituellen Elementen bekannt gewordene Steiner orientierte sich am Himmel, wie Newton es getan hatte, der die Musik der Sphären im Regenbogen gespiegelt und leuchten sah. Und so stellte Steiner in einem 1916 in Berlin gehaltenen Vortrag »die zwölf Sinne des Menschen« vor, wobei das gewählte Dutzend zum einen etwas mit den zwölf Sternbildern zu tun hat, die seit der Antike das Jahr füllen und von der Sonne durchlaufen werden, und sich zum Zweiten der anthroposophischen Überzeugung verdankt, dass der Mensch »ein Mikrokosmos ist und den Makrokosmos abbildet«, wie Steiner in seiner Philosophie ausführt – eine Idee, die durchaus der Wissenschaft angemessen ist und ihr gefallen könnte. Mit dieser Vorgabe kommt es, dass alles, »was wir in uns tragen, was wir in uns seelisch erleben … im Verhältnis zur Außenwelt durch unsere zwölf Sinne« steht, wie der sinnierende Anthroposoph Steiner konstatiert, um sein sensorisches Dutzend anschließend genauer zu benennen. Da wären also – in der von Steiner gewählten Reihenfolge – »der Tastsinn, der Lebenssinn, der Bewegungssinn, der Gleichgewichtssinn, der Geruchssinn, der Geschmackssinn, der Sehsinn, der Wärmesinn, der Gehörsinn, der Sprachsinn, der Denksinn, der Ichsinn«, und mit denen finden Menschen sich unter- und miteinander zurecht und zudem in der Welt ihren angemessenen Platz.

Steiner und seine Anhänger zeigen sich unter anderem deshalb zufrieden mit der auch im christlichen Kontext nicht unbekannten Zwölfzahl, da sie jetzt von sich und den Menschen sagen können, »im Umkreis gleichsam dieser zwölf Sinne bewegt sich unser ganzes Seelenleben, gerade so, wie die Sonne sich im Umkreis der zwölf Sternenbilder bewegt«.

Der Blick auf die eben angeführte Liste der auf anthroposophische Weise gewonnenen mystischen Zahl der menschlichen Sinne lässt zum einen die fünf sensorischen Leistungen und wahrnehmenden Qualitäten erkennen, die bereits behandelt worden sind und seit der griechischen Philosophie als klassisch bezeichnet werden, also das Sehen, Hören, Riechen, Tasten und Schmecken. Steiners Dutzend enthält zudem ein paar Sinne, die sich auch die Naturwissenschaften inzwischen zu eigen gemacht haben und mit ihren Methoden untersuchen, wie im weiteren Verlauf dieses Kapitels noch geschildert wird – nämlich einen Bewegungssinn, einen Gleichgewichtssinn und einen Wärmesinn.

Aber das danach noch verbleibende Quartett – vor allem der Denksinn und der Ichsinn – macht dem wissenschaftlichen Zugang mit seinen Experimenten einige Mühe, weshalb sie hier nur aufgezählt und angeführt werden. Der Ichsinn soll Steiner zufolge zum Beispiel in der Lage sein, dass Ich eines anderen – nicht das eigene Ich – wahrzunehmen. Der Denksinn setzt im anthroposophischen Rahmen ein, nachdem es gelungen ist, dem, was man beim Sprechen mit anderen gehört hat, erst einen »Wortsinn« zu unterlegen – was wörtlich genommen eigentlich einen 13. Sinn bei Steiner ergeben sollte –, um anschließend noch tiefer zu empfinden und »sich eins zu wissen« mit dem Sprechenden, »einem anderen Wesen« also.

Es ist schön, wenn jemand mit solchen Überlegungen und Kombinationen das Gefühl vermittelt bekommt, die Lage der Sinne und mit ihnen das eigene Leben und das von anderen verstehen zu können oder gar schon verstanden zu haben, da es in allen Sinnen wohnt, wie Steiner angenehm und ansprechend formuliert. Aber dem Autor dieser Zeilen fehlt der tiefere Sinn für das himmlische Dutzend, und er bevorzugt stattdessen die dem Irdischen verhaftet bleibende Zählung der Wissenschaftler und Philosophen von der Natur, auch wenn sich von ihr nur sagen lässt, dass sie die Grenze der klassischen Fünf längst überschritten hat und irgendwo bei Neun oder Zehn zum Halten gekommen ist.

Übrigens – in der Wissenschaft scheint man sich inzwischen einig zu sein, dass zumindest Säugetiere über sechs Sinne verfügen, und die Experten des Zoologischen zählen neben dem klassischen Quintett den auch bereits bei Steiner erwähnten Gleichgewichtssinn noch dazu, dem die folgenden Seiten des nächsten Abschnitts gehören.

Die Zahl Sechs macht dabei vielleicht verständlich, warum eine populäre Sendereihe, die im Deutschen Fernsehen seit 1966 produziert und bis 2005 ausgestrahlt worden ist, *Der siebte Sinn* hieß. Es ging in kurzen Filmstreifen um das, was pädagogisch korrekt »Verkehrserziehung« genannt werden kann. Gezeigt wurden (gestellte) Situationen im alltäglichen Straßenverkehr, in denen man oder frau am Steuer mehr instinktiv und weniger durch Überlegung handeln musste, um Karambolagen oder Schlimmeres zu vermeiden. Natürlich hat die Evolution ihrer Hervorbringung in Gestalt des Menschen keinen (siebten) Sinn für das Autofahren mit auf den Weg geben können, und an dieser Stelle versuchte die Bildungsanstalt namens TV höchst erfolgreich, in die Bresche zu springen. Seitdem sind zumindest einige Menschen stolz auf ihren sinnvoll eingesetzten siebten Sinn, und die Frage lautet, ob sie bei dieser Haltung bleiben, wenn sie lernen, wie der Ausdruck inzwischen tatsächlich verwendet wird. Dazu gibt es ein eigenes Kapitel, das sich gedulden muss, bis ein paar andere Sinne erkundet worden sind, auch wenn mit denen schon weiter als bis sieben gezählt werden kann.

## 1. Ein balancierender Apparat im Kopf

»Wenn man darüber abstimmen könnte, dann würde ich wetten, dass der Preis für das am wenigsten bekannte und am meisten unterschätzte Sinnesorgan an das Vestibularorgan geht.« So schreibt der amerikanische Professor für das Ingenieurwesen John M. Henshaw in einem Buch, in dem er einen Spaziergang durch die Welt der Sinne unternimmt, wie man den Titel des Originals *A Tour of the Senses* etwas locker übersetzen könnte. Und persönlich unternommene empirische Untersuchungen sowohl des zitierten Autors als auch des Verfassers dieser Zeilen konnten nur feststellen, dass Henshaw seine Wette gewinnen würde. Natürlich wissen die meisten Menschen, dass sie so etwas wie ein »Gleichgewichtsgefühl« haben und sich beim Gehen auf schwankendem Grund, beim Skilaufen oder beim Radfahren darauf verlassen können – wobei der Verfasser dieses Textes anmerken möchte, dass er seit einem massiven operativen Eingriff in seine Blutgefäße mit der dazugehörigen körpereigenen Balance seine liebe Mühe hat, wie sich etwa höchst unangenehm und unliebsam zeigt, wenn er auf unebenen Bürgersteigen oder holprigen Pfaden unterwegs ist, über einige Erhebungen klettern will oder das Gehen mit geschlossenen Augen probiert.

Also – die meisten Menschen wissen, dass sie ihrem Gleichgewichtsgefühl vertrauen können, ohne sich zu fragen, welches Organ sie dafür bemühen müssen. Ab und zu trifft man auch Personen, die denken, vermuten oder glauben, dass ihre Fähigkeit, die geeignete Balance zu bewahren, wenn sie zum Beispiel eine schmale Brücke überqueren, von ihrem Ohr – genauer: von ihrem Innenohr – vermittelt wird. Dann hört das Wissen zumeist auf, aber zum Glück nimmt die Neugierde dafür zu, wenn die Frage erst einmal gestellt worden ist.

### Das Gleichgewicht halten

Die Tatsache, dass das im Innenohr angebrachte Organ für das Gleichgewicht in Fachkreisen Vestibularorgan genannt wird, trägt sicher nicht zu seiner Popularität oder seinem Bekanntheitsgrad bei, obwohl ältere Menschen noch den Ausdruck »Vestibül« kennen, mit dem eine Eingangshalle bezeichnet wird. Im Portugiesischen lautet das Wort *vesti-*

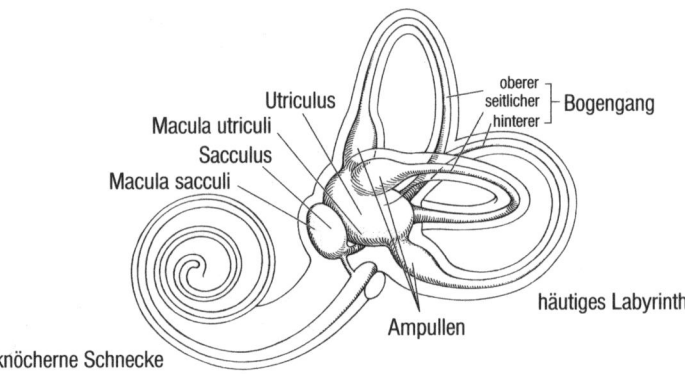

Macula utriculi
Sacculus
Macula sacculi
Utriculus
oberer
seitlicher
hinterer
Bogengang
häutiges Labyrinth
Ampullen
knöcherne Schnecke

Der Blick auf das Organ des Gleichgewichts zeigt drei halbkreisförmige Bogengänge, die nahezu senkrecht zueinander verlaufen und auf diese Weise die drei räumlichen Dimensionen erfassen oder abbilden, in denen sich Menschen in der sie umgebenden Wirklichkeit orientieren müssen. Sie können rechts und links, oben und unten, vorne und hinten unterscheiden, wobei diese Freiheitsgrade in der Schule in einem rechtwinkligen Koordinatensystem mit den Achsen x, y und z erfasst wurden. So macht es der Vestibularapparat auch, nur dass die drei zu ihm gehörenden Bogenformen vertikal, sagittal und horizontal heißen. Das eher unbekannte Wort »sagittal« meint dabei »von vorne nach hinten«, während die anderen beiden Begriffe sicher vielfach vertraut und anschaulich zu verstehen sind.

*bulo*, und von dort aus hat es seine wissenschaftliche Karriere gemacht. Es lässt sich nämlich anschaulich vorstellen, dass mit dem Vestibularorgan die Eingangshalle zum Ohr gefunden und betreten worden ist (siehe Abbildung 31).

Der Blick auf das Organ des Gleichgewichts lässt unmittelbar drei halbkreisförmige Bögen erkennen, die nahezu senkrecht zueinander verlaufen und auf diese Weise die drei räumlichen Dimensionen erfassen oder abbilden, in denen sich Menschen in der sie umgebenden Wirklichkeit orientieren müssen. Sie können bekanntlich rechts und links, oben und unten und vorne und hinten unterscheiden, wobei daran erinnert werden darf, dass in der Schulmathematik genau diese drei Dimensionen in einem rechtwinkligen Koordinatensystem mit den Achsen x, y und z erfasst werden. So macht es der Vestibularapparat auch, nur dass die drei zu ihm gehörenden Bogenformen vertikal, sagittal und horizontal heißen. Das eher unbekannte Wort »sagittal« meint dabei »von vorne nach hinten«, während die anderen beiden Begriffe sicher vielfach vertraut und anschaulich zu verstehen sind.

Es lohnt sich, die Lage des Gleichgewichtsorgans etwas genauer auszukundschaften. Wenn man einen aufrecht stehenden Kopf von der Seite im Profil betrachtet, liegt einer der Vestibularkanäle in der Ebene, die von der Höhe der Augen zum tieferen Ende des Nackens gedacht werden kann. Die beiden anderen Halbkreise stehen senkrecht dazu. Einer von ihnen würde wie ein O für die Person erscheinen, die vor dem Gegenüber steht und von links schaut, während der andere Bogen wie ein O für den Beobachter erscheint, der von links hinten auf den Kopf blickt, dessen Gleichgewichtsapparat in Augenschein genommen wird.

Die Bogengänge sind mit einer Flüssigkeit gefüllt, die Endolymphe heißt, wobei in diesem Ausdruck die beiden griechischen Worte für innen (*endo*) und klares Wasser (*lymphe*) vereint wurden. Mithilfe der Endolymphe können rasche Drehbewegungen des Kopfes wahrgenommen werden, wobei die Sinnesmeldung – wie bereits erwartet wird – letztlich dadurch dem Gehirn zugeleitet wird, dass es in den Bogengängen Haarzellen gibt, an deren Spitze eine besondere Konstruktion ausgemacht werden kann, die Cupula genannt wird (siehe Abbildung 32). Bei einer flotten – oftmals ruckartig vollzogenen – Drehung des Kopfes bewegt sich nun

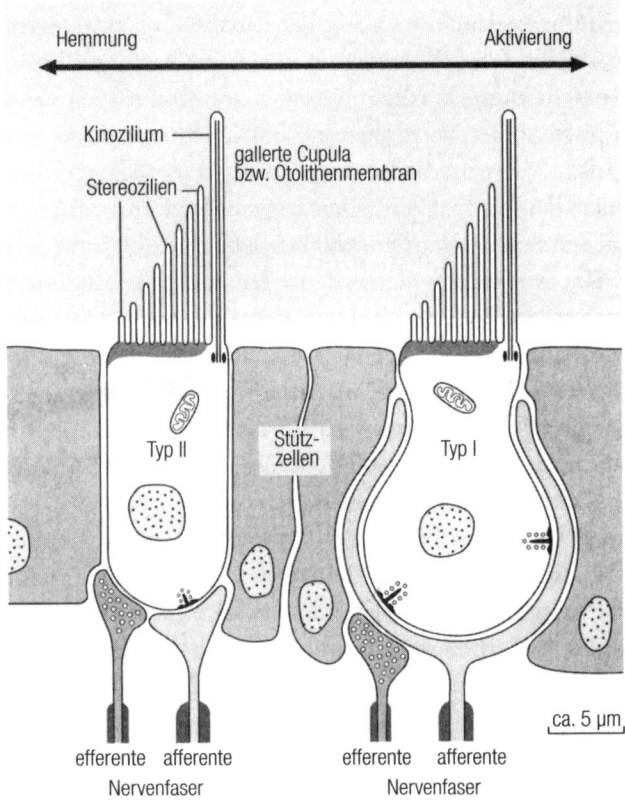

Die Bogengänge im Vestibularorgan sind mit einer Flüssigkeit gefüllt, mit deren Hilfe Drehbewegungen des Kopfes wahrgenommen werden, wobei die Sinnesmeldung dem Gehirn dank der abgebildeten Haarzellen zugeleitet wird, die von Stützzellen gehalten werden. An der Spitze von Haarzellen befinden sich sensible Konstruktionen, die etwa bei einer Drehung des Kopfes registrieren, was mit der Flüssigkeit passiert. Die sinnlich genutzten Haarzellen werden dabei erst gebogen und dadurch anschließend erregt, was schließlich elektrische Signale bewirkt, die über die gezeigten (efferenten) Nervenfasern ihrem Ziel im Gehirn entgegenlaufen.

zwar der Vestibularapparat mit, die Flüssigkeit in ihm ver-
harrt aber aufgrund ihrer Trägheit, was sich auch im größeren Maßstab draußen im Alltag beobachten lässt, wenn man
beginnt, ein Glas Wasser zu drehen. Die Flüssigkeit im Gefäß macht diese Bewegung zunächst nicht mit – wenn sie
sich auch später zu drehen anfängt und dann immer mehr
aufholt –, was im Fall des Innenohrs dazu führt, dass die
sinnlich genutzten Haarzellen erst gebogen und dadurch anschließend erregt werden, was schließlich elektrische Signale
bewirkt, wie sicher niemanden mehr wundert, die über den
sogenannten Bogengangnerv ihrem Ziel im Gehirn entgegenlaufen.

In welche Richtung man seinen Kopf auch bewegt – etwa
um nach rechts und links zu schauen, bevor man über die
Straße geht, oder um durch ein auf- und abwärts vollzoge-
nes Nicken seinem Gegenüber sein Einverständnis anzu-
deuten –, stets meldet das Trio der Bögen im Vestibularsys-
tem die Richtung, in der sie bewegt werden. Wobei bislang
zu wenig betont wurde, dass bei dieser Sinneswahrnehmung
vor allem die Bewegungsänderungen interessant sind und
gemeldet werden, also das, was Physiker unter Beschleunigungen verstehen. Menschen merken tatsächlich kaum etwas, wenn sie etwa in Zügen oder Flugzeugen mit gleich
bleibender oder nahezu konstanter Geschwindigkeit unterwegs sind. Aber sobald etwa eine Notbremsung einsetzt
oder der Flieger etwas absackt, spüren die Passagiere sofort
etwas, und diese unmittelbare Wahrnehmung einer Beschleunigung gelingt ihnen anstrengungslos mit einem
funktionierenden Gleichgewichtsorgan und seinen drei Bögen im Innenohr.

Diese schwungvoll aussehenden Gebilde laufen in einer
blasenartigen Struktur zusammen, die Ampulle heißt und
von einer flexiblen Membran durchquert wird, die der an-

strömenden Endolymphe Einhalt gebietet. Wenn ein Kopf bewegt wird, prallt die genannte Flüssigkeit auf die Membran und deformiert sie, was die Haarzellen registrieren, die molekular gesehen ähnlich wie ihr Pendant in der Cochlea funktionieren.

Übrigens: Selbst wenn Personen ihren Kopf rasch hin und her bewegen oder wenn sie etwa in einem über holprige Straßen ruckelnden Auto fahren und der Kopf mit dem ganzen Körper dabei heftig durchgeschüttelt wird – das von den wackelnden Augen dabei gesehene und geschaffene Bild bleibt erfreulich stabil, wie sich jeder sogleich erinnert, wenn er an seine eigenen Erfahrungen der geschilderten Art denkt. Der menschliche Sinnesapparat bringt diese eigentlich erstaunliche Konstanz durch einen Reflex zustande, wie es in der Sprache der Wissenschaft heißt. Sie meint damit genauer den vestibulookulären Reflex, wobei dieses Wortungetüm zwei klar zu trennende Hälften hat, die sich mit dem bisher ausgebreiteten Stoff einfach auseinandernehmen lassen. Dieser Reflex mit dem langen Namen, bei dem die Bogengänge des Gleichgewichtsorgans mit den Nerven der Augenmuskeln verschaltet sind und sich dadurch abstimmen können, spielt dauernd im Leben des Menschen eine Rolle, auch wenn dies kaum jemandem auffällt.

Um ihn kennenzulernen, braucht man sich nur vorzustellen, dass man geht, und dann zu überlegen, wie man dies in einigem Detail unternimmt. Auf jeden Fall bewegt sich bei einem Fußgänger der Kopf, den Menschen meist erst etwas vorstrecken, um dann ihre Beine nachkommen zu lassen, damit sie ihre aufrechte Position beibehalten können. Offenbar registriert und meldet das Vestibularorgan dem Gehirn, wie sich der Kopf beim Gehen bewegt und beschleunigt, und mit diesen Informationen kann anschließend den

Beinen der Befehl gegeben werden, auf Trab zu kommen. Je weiter man seinen Kopf vorlehnt, desto schneller müssen die Beine nachziehen, und von einer genau messbaren Vorlage an wechselt man vom Gehen über das Laufen hin zum Rennen, um nicht hinzufallen, wie es kleinen Kindern passiert, bei denen die Kooperation der Kopf- und Beinbewegungen noch nicht zu der für einen Betrachter erstaunlichen Perfektion gediehen ist, die sich bei Sportlern bewundern lässt.

Und noch ein Übrigens – Menschen können ihren Kopf neigen, wie sie wollen. Das Bild, das sie sehen und ihnen die Augen übermitteln, bleibt aufrecht, wie es sich gehört. Das wahrnehmende System muss für diese Leistung, die auf den hübschen und zugleich einleuchtenden Namen Vertikalenkonstanz hört, geeignete Gegenmaßnahmen zur Verfügung stellen, wobei die Wissenschaft mindestens zwischen zwei Verrechnungsschritten unterscheidet. Diese werden als Fremdkompensation und Autokompensation in getrennten Bereichen eines Menschen exerziert, nämlich zum einen im Gleichgewichtsorgan und zum anderen im Auge. Es ist offenbar gar nicht so einfach, die Dinge zu sehen, wie sie dastehen, auch wenn dies scheinbar mühelos gelingt, wenn die Sinne ihren Dienst und den Menschen den wunderbaren und damit zusammenhängenden Gefallen tun.

## Die gradlinige Beschleunigung

Neben den drei Bogenformen zeigen sich dem anatomischen Blick im menschlichen Gleichgewichtsorgan zwei weitere Strukturen, die wie Säckchen aussehen und als Sacculus und Utriculus bezeichnet werden. In ihnen findet man kleine Körnchen, die auch Ohrsteine (Otolithen) genannt werden. Diese Vorrichtungen dienen einem Menschen dazu, die gradlinige (lineare) Beschleunigung zu spüren, die er etwa erfährt, wenn er sein Auto vor einem Hindernis abbremst oder auf der Autobahn mit Vollgas zum Überholen ansetzt. Die beiden Säckchen Sacculus und Utriculus stehen in seinem Kopf senkrecht zueinander, sie enthalten zudem einige Tropfen einer klaren Flüssigkeit und geben ihre bei entsprechender Stimulation empfangenen Signale ebenfalls über dazugehörige Haarzellen weiter. Alles wie gehabt, da macht es die Natur sich und ihren Beobachtern einfach, auch wenn ihnen nicht klar ist, wie die Bauanleitung für solch eine einheitliche Funktionsweise auszusehen hat und wie man sie im genetischen Material unterbringt.

Das als Utriculus bezeichnete Säckchen reagiert empfindlich auf Bewegungen, die entweder vorwärts oder rückwärts laufen oder von rechts nach links ausgeführt werden. Dem Sacculus verbleiben dann die auf- und abwärts führenden Bewegungen, wobei diese beiden Bestandteile des Vestibularsystems etwas Besonders vermögen. Denn im Gegensatz zu den drei bogenförmigen Kanälen reagieren sie nicht nur auf Beschleunigungen, sie erfassen vielmehr auch die Position des Kopfes, die dieser am Ende allen Wackelns und Schüttelns eingenommen hat und beibehält. Wer ihn etwa beugt, um seine Füße zu betrachten, wird über diese leichte Drehbewegung von allen fünf genannten aktiven und flüssigkeitsgefüllten Strukturen informiert. Das Dreiergespann der Bogenformen gibt nach dem Ende der Kopfbeugung oder einer ähnlichen Veränderung der Haltung aber keine weitere Meldung an das Nervensystem ab und wartet stattdessen auf die nächste Drehung des Schädels. Die beiden Säckchen hingegen können sich die erreichte Stellung des Kopfes merken und ihre Kenntnis des dazugehörigen Zustands dem Bewusstsein weiter zur Verfügung stellen, sodass ein Kopf weiß, wo er sich gerade befindet.

206

Diese mechanische Art einer Erinnerung stellt eine wunderbare Leistung der beiden Säckchen dar, und sie kommt mithilfe der oben erwähnten Körnchen, der Ohrsteine, zustande. Um den dabei ablaufenden Mechanismus in Grundzügen zu verstehen, sollte man sich die Haarzellen als Grashalme vorstellen, die sich unter Wasser befinden und seine Strömungen mitmachen. Bewegt sich das Wasser, bewegen sich auch die Halme, bis sie flach zu liegen kommen, und sie kehren in die Ausgangsposition zurück, nachdem das Wasser zur Ruhe gekommen ist.

Spielt sich das Ganze mit kleinen Steinchen in der strömenden Flüssigkeit ab, kommen diese auf den Halmen zu liegen und halten sie in dieser flachen Position fest, auch wenn die Bewegung selbst längst vorbei ist. Auf diese mechanisch nachvollziehbare Weise können sich die Säckchen Sacculus und Utriculus einprägen, wo der Kopf nach einer Bewegung – etwa zum Betrachten der eigenen Füße – zum Stehen gekommen ist.

## Auf hoher See und im Flieger

In seinem – inzwischen schon vor mehr als 50 Jahren erschienenen – Buch über den menschlichen Körper *The Human Body* erzählt der amerikanische Schriftsteller Isaac Asimov von einem seekranken Passagier, der bei einer Ozeanüberquerung auf einem Kreuzfahrtschiff in Schwierigkeiten kommt und sich hundeelend und erbärmlich fühlt. »Keine Sorge«, versucht ihn ein vorbeikommender Steward zu beruhigen, »noch ist niemand an der Seekrankheit gestorben«, worauf der Leidende erwidert: »Es ist nur die Hoffnung auf das Sterben, die mich hier und jetzt am Leben hält.«

Direkter ausgedrückt – die körperlichen Leiden, die durch ungewollte und ungewohnte Bewegungen in einem wackligen Verkehrsmittel ausgelöst werden und zu Übelkeit und Erbrechen führen, können für den Betroffenen derart unangenehm werden, dass er sich in den betroffenen Augenblicken lieber den sanften Tod als ein Weiterleben unter diesen ihm unerträglich erscheinenden Umständen erhofft.

Die Seekrankheit kommt durch eine unpassende und unkoordinierte Kombination von mechanischen und visuellen Reizen zustande, wenn der Körper durch den heftigen Wellengang kräftig hin und her geschüttelt wird, während zugleich der Horizont auf- und absteigt oder ein Mast gefährlich weit ausschlägt und gehörig schwankt. Die mechanische Beschleunigung eines menschlichen Körpers und die visuellen Signale seiner Augen werden über den Gleichgewichtssinn verknüpft, was im nervösen und zellulären Detail ziemlich verwickelt ist und hier nur konstatiert und nicht weiter ausgeführt werden kann. Tatsächlich verläuft das ganze sensorische Erleben auf schwankenden Schiffen zudem noch dadurch komplizierter, dass sich bei dieser Gelegenheit ein dritter Sinn einschaltet, der für die Eigenwahrnehmung des Körpers zuständig ist und später erst zur Sprache kommt. Es lohnt sich aber schon an dieser Stelle, einmal genauer nachzuvollziehen, wie es ein Mensch überhaupt schafft, sich auf einem wellenbewegten Boot aufrechtzuhalten und dabei sogar freihändig über Bord zu spazieren – wobei sich leicht ausmalen lässt, dass es noch mehr sensorischen und nervösen Aufwand erfordert, wenn jemand über das Wasser selbst gehen will.

Im Organ für das Gleichgewicht werden zum einen alle rotierenden und geradlinig verlaufenden Bewegungen registriert, die von dem Schiff und seiner schwankenden Fahrt

herrühren. Das Gehirn empfängt und verarbeitet alle dazugehörigen Informationen, um mit ihrer Hilfe die Augen,
Hände und Füße in ihrer Aktivität koordiniert zu steuern
und so auf keinen Fall durcheinanderkommen zu lassen.
Währenddessen bemerkt der Sehsinn die nächste Welle, die
über das Meer heranrollt, und mit der Wahrnehmung ihrer
Bewegung kann sich der Träger der Augen auf das Schau-
keln einstellen, das jetzt unweigerlich zu erwarten ist. Das
Gehirn gibt sich – wie im Fall der Vertikalkonstanz angedeutet – die ganze Zeit Mühe, den Körper in der Senkrech-
ten zu halten, was aber nicht immer gelingt.

Das heißt, auf hoher See kommt das menschliche System
der Sinne noch gut zurecht, und wirklich schwierig wird es
erst beim Fliegen unter den Wolken, weil dabei eine Vielzahl von Sinnestäuschungen auftreten kann, die es für den
Flugkapitän tunlichst zu vermeiden oder zu kompensieren
gilt. Wenn zum Beispiel ein Flugzeug erst mit gemächlichem
Tempo eine lang gezogene Kurve dreht und der Pilot an
ihrem Ende die beiden Flügel mit einem Griff wieder in eine
Ebene zurückbringt, dann melden ihm seine Sinne merkwürdigerweise nicht, dass die Maschine nun wieder gerade-
aus fliegt, sie melden ihm vielmehr, dass er die Gegenrichtung eingeschlagen hat, obwohl dies faktisch nicht zutrifft.
Wird diese gefährliche Illusion nicht korrigiert, hat dies zur
Folge, dass der Pilot nun die Flügel anders neigt, um zur
ursprünglichen Richtung zurückzukehren.

So zu handeln schlagen ihm jedenfalls seine Sinneswahrnehmungen vor, und diese visuelle Täuschung kommt dadurch zustande, dass ein menschliches Gleichgewichtsorgan vor allem auf rasche Drehungen des Kopfes eingestellt
ist und sich bei langsamen eher als hilflos erweist. Die drei
Bögen im Vestibularorgan brauchen Drehgeschwindigkei-
ten von mindestens zwei Grad pro Sekunde, um zuverlässig

und wirklichkeitsgetreu zu funktionieren, und mindestens mit dieser Schnelligkeit drehen Menschen im Alltag ihren Kopf, wenn sie ihn schütteln oder nicken oder sich umdrehen. Außerdem sind die drei Bögen nicht auf anhaltende, sondern auf rasch wechselnde Drehungen eingestellt.

Eine lang gezogene und langsam durchflogene Kurve beim Fliegen bringt somit zwei Probleme für den Piloten mit sich, die in der Evolution belanglos waren und erst in der technischen Zivilisation aufgetreten sind (und auch in ihrem Rahmen und mit ihren Mitteln gelöst werden müssen). Sie bestehen darin, dass die Flugbewegung genau so abläuft, wie es gesagt wurde, nämlich lang und langsam, und beides kennt das Vestibularorgan nicht. Doch zum Glück stehen einem Piloten im Cockpit neben seinem Kopf mit Innenohr auch geeignete Geräte zur Verfügung, um den Flieger trotzdem richtig lenken und ans Ziel bringen zu können. Er muss eben die natürlichen Sinne seiner Organe ignorieren und den künstlichen Informationen seiner Apparate vertrauen. Das kann man zwar nicht auf Anhieb, und man muss sich zu diesem Schritt einen Ruck geben, er lässt sich aber aus guten Gründen lernen.

## 2. Das Gespür für den eigenen Körper

Während sich der Vestibularapparat um den Preis des am wenigsten bekannten Sinnesorgans bemüht, gewinnt die Propriozeption ganz sicher den Preis für die unbekannteste Leistung, die der menschlichen Wahrnehmung zu verdanken ist. Dabei geht es bei dem schwer zu sprechenden Wort um den eigenen Körper, denn genau das heißt Propriozeption, in dem das lateinische *proprius* mit seiner Bedeutung

»eigen« steckt. Das heißt, das Gespür für den eigenen Körper, das damit angesprochen und untersucht wird, gilt es von dem halsstarrigen »Eigensinn« zu unterscheiden, der bei sturen – eben eigensinnigen – Menschen zu finden ist, denen oftmals nur schwer etwas geraten werden kann.

Statt als »Eigenwahrnehmung« wird die Propriozeption auch als Tiefensensibilität bezeichnet, weil sie mit Signalen aus dem Inneren des Körpers umgeht und zum Beispiel einen Menschen darüber informiert, welche Stellung seine Gelenke gerade einnehmen – daher sprechen einige Physiologen auch gerne vom Stellungssinn eines Menschen – oder wie es um den Spannungszustand seiner Muskeln bestellt ist. Die Tiefen- oder Eigenwahrnehmung beginnt – wie sonst? – mithilfe von Rezeptoren, von Propriorezeptoren in diesem Fall, die in den Gelenken, Muskeln und Sehnen zu finden sind, deren Reizung mithilfe der üblichen Verdächtigen und ihrem nervösen Zwischenhandel ihren Weg ins Gehirn findet. Auf diese Weise kennt ein Mensch die Position seiner Arme, Hände und Finger, was zum Beispiel nützlich ist, um es milde auszudrücken, wenn man einen Becher mit Kaffee in die Hand nehmen und zum Mund führen will. Dies zeigt sich am besten, wenn man einmal annimmt, diese doch so kleine Aufgabe könne oder solle jemand nur mithilfe seiner Augen und ihres Sehens durchführen, wobei natürlich zugelassen sein soll, dass die Muskeln mit dem Sehsinn verschaltet sind, um das anvisierte Handeln – das Trinken – zu koordinieren.

Also: Die Augen verfolgen erst, wie sich die Hand ausstreckt, und die Finger beginnen, sich um den Becher zu legen. Um das gefühlte und gefüllte Gefäß anzuheben, muss die geeignete Menge an Kraft aufgewendet werden. Zu viel Kraft, und die Finger drücken den Becher zusammen, zu wenig Kraft, und der zu trinkende Kaffee rutscht aus der

Hand und fällt auf den Boden. Es ist die Eigenwahrnehmung, die zusammen mit dem Sehen und dem Tastsinn das Trinken erlaubt, ohne dass dabei etwas verschüttet wird, und dafür sorgt, dass der Becher auch wieder an seinen Platz kommt, nachdem er geleert worden ist.

Die Propriorezeptoren agieren als Empfänger mechanischer Reize, und sie sind in der Lage, auf die Ausdehnung und die Spannung von Muskeln oder die Lage eines Gelenks zu antworten. Wenn es um die Wahrnehmung der Stellung des eigenen Körpers geht, übernehmen die Mechanorezeptoren in den Gelenken die Hauptaufgabe, wie sie etwa in den Knien zu finden sind, was die Bewegung oder Stellung eines Beines zu erfassen ermöglicht. In den Handgelenken finden sich ebenfalls Mechanorezeptoren, die aber weniger die Bewegung und mehr die Stellung der Hand und ihrer Finger registrieren. Sie sorgen für die größte Aktivität im dazugehörigen Teil des Nervensystems, wenn nicht nur das Gelenk, sondern auch die Finger gebeugt sind, obwohl dies insgesamt eine ungewöhnliche Haltung ausmacht.

Neben den Gelenken sorgen vor allem die sogenannten Muskelspindeln in den Muskelfasern für die körperliche Eigenwahrnehmung, und sie werden deshalb auch als die Sinnesorgane der Muskeln bezeichnet (siehe Abbildung 33). Wenn Muskeln gedehnt werden, reagieren ihre Propriorezeptoren, die sich strecken und dabei dafür sorgen, dass sich Kanäle öffnen, und die damit elektrisch gewordenen Informationen können dem Gehirn zugeleitet werden, das nun in die Lage ist, die Stellung der von den Muskeln bewegten Gliedmaßen zu errechnen.

Muskelgewebe steckt voller Nervenendigungen, die kaum in ihrer Vielfalt untersucht und daher der Wissenschaft nur wenig bekannt sind. Hier soll es vor allem um die Muskelspindeln gehen, die in vielen Varianten im menschli-

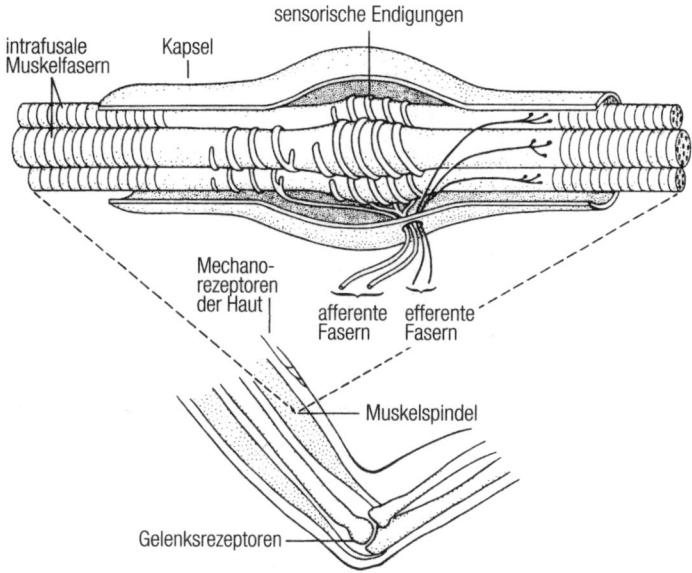

sensorische Endigungen

intrafusale
Muskelfasern

Kapsel

Mechano-
rezeptoren
der Haut

afferente
Fasern

efferente
Fasern

Muskelspindel

Gelenksrezeptoren

Neben den Gelenken sorgen vor allem die sogenannten Muskelspindeln in den Muskelfasern für die körperliche Eigenwahrnehmung. Sie werden deshalb auch als die Sinnesorgane der Muskeln bezeichnet, wie im Text erläutert. Wenn Muskeln gedehnt werden, reagieren ihre Propriorezeptoren, die sich strecken und dabei dafür sorgen, dass sich Kanäle öffnen. Die damit elektrisch gewordenen Informationen können dem Gehirn über (efferente) Fasern zugeleitet werden, das nun in die Lage ist, die Stellung der von den Muskeln bewegten Gliedmaßen zu errechnen. Es kann die Muskeln über Neuronen über andere (afferente) Fasern steuern.

chen Gewebe gefunden werden, von denen einige die Länge eines Muskels und andere die Änderung dieser Länge messen und melden können.

Um sie in Aktion zu sehen, stellt man sich am besten vor, seinen Arm erst nach vorne auszustrecken, um dann die Hand zurückzuführen und sich mit ihr an den Kopf zu fassen. Die Änderungen der Bizeps-Muskeln im Oberarm werden dabei sorgfältig von Spindeln überwacht. Wiederholt man den eben vorgeschlagenen Ablauf von Bewegungen mit einem Kilogramm Gewicht, unternehmen die Muskeln dasselbe, das sich allerdings ganz anders anfühlt. Der Unterschied kommt durch die Sensoren zustande, die die Muskelspannung registrieren. Verantwortlich dafür zeichnen weniger die Muskelspindeln und mehr die Sehnenorgane, die nach dem italienischen Anatomen Camillo Golgi benannt sind und den Menschen Tiefensensibilität geben.

Wer sich einmal im Detail ausmalt, was alles passieren muss und dazugehört, um alltägliche Verrichtungen wie Gehen, Schreiben, Zubinden von Schnürsenkeln, Bedienen einer Tastatur oder einer Maschine und viele andere verrichten zu können, wird bald merken, dass in allen Fällen eine Propriozeption gute Dienste leistet, wenn sie nicht überhaupt unentbehrlich ist.

## 3. Von verborgenen Sinnen beim Menschen

Vladimir Nabokov, der Dichter der *Lolita*, hat einmal erzählt, dass nicht nur er selbst, sondern seine ganze Familie Farben hören kann, und zwar mit einem besonderen Twist. Während der Buchstabe M bei Nabokov selbst die zusätzliche Empfindung Rosa und bei seiner Frau ein Blau auftauchen lässt, erscheint dem gemeinsamen Sohn Dimitri dabei die Farbe Lila vor Augen, also genau die Mischung, die sich beim Malen mit den elterlichen Farbtönen ergeben würde. Eine wunderliche Tatsache, deren Feststellung Nabokov mit den wunderbar poetischen Worten kommentiert hat, es sei so, »als ob die Gene Aquarellisten wären«.

In der Fachwelt spricht man bei einem Phänomen dieser Art von der Synästhesie, und in diesem merkwürdigen Wort steckt auf der einen Seite die griechische Wahrnehmung, also *aisthesis*, und findet man auf der anderen Seite die Vorsilbe »syn«, die aus Begriffen wie synchron und Synthese bekannt ist und eine Kooperation oder ein Zusammenkommen in einer gemeinsamen Aktion andeutet. *Synaisthanomai* – so drückten sich die Griechen in den Jahren von Aristoteles und Platon aus, wenn sie von Wahrnehmungen sprachen, die zugleich in einer Person zustande kamen und dabei einen einzelnen Eindruck hinterließen, auch wenn der dann komisch benannt werden musste – als rosafarbenes oder blaues M zum Beispiel, wie oben erzählt, als hohes Schwarz oder als warmes Grün, um nur einige Beispiele aus der Literatur zu zitieren.

## Alexander Luria

Alexander Luria (1902–1977) kann mit knappen Worten als russischer Psychologe gekennzeichnet werden, der in den Zeiten der UdSSR gelebt und gearbeitet hat. Er hat sich um die Entwicklung einer Neurochirurgie bemüht, um hirnverletzten Personen helfen zu können, und eine Neuropsychologie entwickelt, um in ihrem Rahmen zu untersuchen, wie einzelne Bereiche des Gehirns – seine zerebralen Systeme – zu der komplexen Gesamtleistung des komplizierten Organs beitragen. Luria hat zudem die Rolle der Sprache in der geistigen Entwicklung von Kindern untersucht und immer wieder versucht, Ursachen von neuropsychologischen Syndromen ausfindig zu machen. Er hat darüber in Büchern wie *Der Mann, dessen Welt in Scherben ging* (1971) berichtet und *Das Gehirn in Aktion* (1992) beschrieben und damit eine Einführung in die Neuropsychologie verfasst.

Bekannt geworden ist der Bericht, im dem der russische Neuropsychologe Alexander Luria (siehe Kasten »Alexander Luria«) die Reaktion eines Patienten beschreibt, den er einfach nur einen Ton wahrnehmen lässt, der mit 2000 Hz schwingt. Sein Patient macht damit die folgende Erfahrung: »Der Ton sieht aus wie ein Feuerwerk, in rosaroter Farbe. Die Farbstreifen fühlen sich rau und unangenehm an, und sie haben einen hässlichen Geschmack, ähnlich dem von salzigen Essiggurken.«

Solch ein vielfältiges Sinneserlebnis, das durch einen Reiz ausgelöst werden kann, stellt die Erfahrung der Synästhesie dar, die selten auftritt, wenn sie auch schon seit dem 18. Jahrhundert Eingang in die Literatur gefunden hat. Erste umfassende Darstellungen dieses Zusammenarbeitens der Sinne stammen aus den 1970er-Jahren, und dabei wurde bemerkt, dass es besonders häufig die Töne und die Farben sind, die sich in einer Person gemeinsam melden, weshalb damals der Begriff des Farbenhörens geprägt wurde, genauer – und im Original auf Englisch – kam die Idee einer *colored-hearing synesthesia* auf, die auf Beobachtungen basierte, bei denen Vokale Farbempfindungen auslösten – mit einem A kamen blaue und rote Farben zum Vorschein, mit einem E zeigten sich gelbe und weiße Nuancen, bei einem O gaben sich gelbe, rote und schwarze Farben zu erkennen, und das U löste das Wahrnehmen von Blau und Schwarz aus – dunkle Vokale zu dunklen Farben?

Nähere Untersuchungen mit komplizierten Geräten wurden damals bei Frauen und ihren Gehirnen unternommen, die mit der Gabe der Farben-Wörter-Synästhesie ausgestattet waren und beim Hören von Sprache stets Farben mitempfanden. Die Ergebnisse zeigten, was zu erwarten war, dass es nämlich zu einer neuronalen Wechselwirkung zwischen den jeweils zuständigen Hirnarealen kommt, was in dem hier erfassten Fall eine Interaktion zwischen dem visuellen Cortex und seinen Farbwahrnehmungen und den Bereichen ergibt, mit denen Menschen ihre Sprache generieren.

Die Neurophysiologie hat dem Phänomen der Synästhesie nicht viel Aufmerksamkeit gewidmet und es mehr oder weniger als zufälliges Wechselspiel von neuronalen Bezirken zur Kenntnis genommen, das halt ab und zu einmal – bei weniger als einem Prozent der Menschen – vorkommt, ohne etwas von Bedeutung darzustellen. Es hat die naturwissenschaftliche Forschung auch nicht weiter interessiert, dass es manchen Dichtern ausgeschlossen erscheint, die Bereiche der Sinne scharf zu trennen, die in einem erlebenden Menschen ihre Wirkung entfalten. Weshalb etwa Clemens Brentano, der Hauptvertreter der Heidelberger Romantik, das Spielen einer Flöte mit drei Sinnen wahrzunehmen imstande ist, wenn er schreibt »Golden weh'n die Töne nieder« – die Musik wird also gehört, gespürt und gesehen, natürlich mit den inneren Augen eines Menschen, mit denen im romantischen Denken der wahre Blick auf die Dinge überhaupt erst möglich wird.

Man kann zwar sagen, dass Brentano zusammenfasst, was ein Zuhörer etwa an einem Brunnen in abendlicher Stunde empfindet, wenn er den sanften Ton der Flöte vernimmt – das weht ein leichter Wind, da erfreut sich sein Gemüt, und da erklingt eine angenehme Melodie. Aber während sich dieses Zusammenspiel der Sinne im Normalfall als bewusste Leistung eines Menschen zeigt, der sich tief in der Sphäre seiner Wahrnehmungen befindet und zugleich offen für die Welt bleibt, sorgt die Erscheinung der Synästhesie dafür, dass dieses synchrone Zusammenspiel der Sinneseindrücke ohne Mühe geliefert wird – was es vielleicht nicht unbedingt zu einem Glückserlebnis werden lässt.

## Musik und Farben

Die Zeit der Romantik scheint eine gute Zeit für synästhetische Empfindungen gewesen zu sein, und die dazugehörigen Berichte kommen vielfach aus dem Bereich der Musik. Der Klaviervirtuose und Komponist Franz Liszt hat zum Beispiel dann, wenn er mit einem Orchester eine Symphonie einübte, den Musikern Anweisungen mit Farbwörtern gegeben – »etwas mehr Blau, bitte« oder »die ist Violett, bitte beachten. Nicht so Rosa!«. Und wenn damals die *Pastoralsymphonie* von Beethoven oder die *Schottische Ouvertüre* von Felix Mendelssohn-Bartholdy gespielt wurde, meinten die Zuhörer grüne Weiden oder die Farben schottischer Hügellandschaften zu sehen, wie berichtet wird. Und wenn die *Vier Jahreszeiten* von Antonio Vivaldi erklangen, wechselten die farbigen Empfindungen des Publikums zwischen dem Weiß von Schnee, dem bunten Spektrum des Herbstwaldes und dem strahlenden Gelb der Sonne.

Der Holländer Cretien van Campen hat viele synästhetische Erfahrungen nicht nur mit Musik und von Komponisten, sondern auch von Kindern vor einigen Jahren in seinem Buch *The Hidden Sense* zusammengestellt und in seinen Berichten und Analysen auch bemerkt, dass sich mit solchen Eindrücken rechnen lässt. Eine Zwei kann Dunkelblau sein, eine Fünf die Farbe Orange annehmen, und eine Sieben gelb erscheinen, wobei zwei verschiedene Menschen mit synästhetischen Fähigkeiten auch ganz verschiedene Zuordnungen erfahren und ihnen damit unterworfen sind. Van Campen versucht nun, diese und andere erstaunliche Beobachtungen zusammenzufassen, die ihn zunächst an die Überlegungen der griechischen Philosophen anschließen lassen, die sich schon vor Tausenden von Jahren gefragt haben, wie die vielen Sinneseindrücke genau die eine Wahrnehmung etwa eines Menschen (oder einer Gruppe in einer Situation) ergeben, die dem Bewusstsein zugänglich ist. Es müssen ja unentwegt alle Sinne zu einem Sinn zusammenfinden. Es muss einen Weg zu dem *common sense* geben, mit dem Menschen operieren, und bei dem Phänomen der Synästhesie zeigen sich die ersten Formen, mit denen diese Leistung des menschlichen Gehirns möglich werden kann.

Dieser *sensus communis* hat auch den Philosophen Immanuel Kant beschäftigt, der ihn allen Menschen in gleicher Weise zubilligte, um dem Gemeinsinn noch den *sensus communis aestheticus* an die für Schönheiten empfindsame Seite zu stellen und ihn individuell verschieden bei einzelnen Personen zu verankern. Der große Goethe hat diesen Vorschlag eines ästhetischen Gemeinsinns mit Wohlgefallen aufgenommen und Kants Konzept als kreative Komponente der menschlichen Einbildungskraft gedeutet. Der verborgene Sinn, er kann sich bei vielen im schöpferischen Tun zu erkennen geben und den Menschen das liefern, was sie mit all ihren Sinnen letztlich wollen, nämlich Sinn erfahren. Ich schlage vor, sich darauf einzulassen.

# Der siebte Sinn

Wer von der Grundidee ausgeht, dass die evolutionäre Anlage und das praktische Funktionieren der menschlichen Sinne zu Vorteilen in den aktuellen Bemühungen und Lebensverrichtungen führen, die in der biologischen Wissenschaft als Überlebenskampf tituliert werden, der kann gut erklären, warum die beiden Augen im Kopf von Menschen nach vorne gewandert sind und bei den Mitgliedern der Spezies Homo sapiens nicht mehr so eine seitliche Lage einnehmen, wie sie sich zum Beispiel noch bei Pferden und Rindern beobachten lässt. Indem die beiden äußeren Augen nach vorne blicken und da sie zudem auf ihrer Netzhaut über eine Fovea centralis verfügen, können Menschen gezielt ein anderes Lebewesen – vor ihren Augen – ins Visier nehmen, die Distanz zu ihm abschätzen und es nicht zuletzt jagen. Das heißt, in heutigen Zivilgesellschaften dient der präzise Blick nach vorne in die Geh- oder Laufrichtung mehr dazu, Zielorte wie Eingangstüren von Restaurants oder Toiletten zu finden und die Entfernung bis dahin abzuschätzen oder die Gesichter anderer Menschen zu fokussieren und ihre mögliche Bekanntschaft oder Laune zu erfassen. Aber klar ist, dass der Homo sapiens in den frühen Tagen der Menschheit einen großen Vorteil im konkreten Lebenskampf aus der Tatsache schöpfen konnte, dass seine Augen vorne im Gesicht ein Paar bildeten und mit den beiden Bildern, die sie auf der Netzhaut einfangen und dem zentralen Nervensystem zur Verfügung stellen konnten, sogar eine dreidimensionale Erfassung der Umwelt ermöglichten. Natürlich stellt sich sofort die Frage nach den Risiken oder Kosten solch eines gerichteten Jägerblicks, und die Antwort liegt auf der Hand, das heißt, sie findet sich genauer gesagt im Rücken. Es gibt keine Augen am Hinterkopf eines Menschen, und so besteht die Gefahr, dass die Mitglieder unserer Spezies von hinten angegriffen und überfallen werden, so wie es sicher im Alltag vielfach geschieht und in Kriminalfilmen nicht selten vorgeführt wird. Zuschauer im Kino ahnen sofort die nahende Gefahr und blicken angespannt oder erwartungsvoll auf die Leinwand, wenn dort zu sehen ist, wie sich jemand von hinten anschleicht, und kein Laut den tückischen Angreifer verrät.

Als ihre Augen im Lauf der Evolution nach vorne gewandert sind, mussten die Menschen einen Schutzmechanismus für ihre offen werdende Rückenflanke finden, und eine bekannte Antwort steckt in den Warnrufen oder Lautsignalen von freundlichen Mitmenschen, die durch andere soziale Konstellationen ergänzt werden, die zusammen als Gemeinschaftswerk gefährdeten Individuen die nötige Sicherheit verschaffen.

Die Sinne und ihre physiologischen und informativen Fähigkeiten selbst bleiben nicht ganz untätig in dieser Situation, indem sie etwa dafür sorgen, dass Bewegungen, die am Rande des Blickfelds auftreten, unmittelbar die besondere Aufmerksamkeit des Schauenden auf sich ziehen, auch wenn sie völlig belanglos sind. Wer etwa als Lehrer vor einer Klasse oder als Redner vor einem Publikum spricht, wird zum Beispiel seine Augen sofort in Richtung der Tür an der Hinterwand lenken, sobald die sich auch nur ein wenig öffnet und jemanden erkennen lässt, der eintreten möchte. Oder wer gelassen in einem Sessel sitzt und ein Buch liest, wird sehr leicht abgelenkt durch das bloße Wehen eines Vorhangs, das ein leichter Windzug bewirkt hat.

Bewegungen am Rande des Blickfelds mussten in den frühen Tagen der Menschheit sehr ernst genommen werden, um ständig daran erinnert zu werden, dass der geschärfte Blick nach vorne nicht die ganze Situation und ihr Gefahrenpotenzial erfasste, von dem man umgeben war. Denn wenn ein überraschender Angriff von einem Gegner oder einem Raubtier zu erwarten war, dann kam er wahrscheinlich von einer Seite, das heißt, von dieser Position aus konnten die verfügbaren Sinne anfangen, einen Gegner wahrzunehmen. Und so hat die Evolution den Menschen so etwas wie randständige Detektoren für die Bewegung mit auf den Überlebensweg gegeben, die auf der Peripherie des Blickfelds nach Signalen suchen und den Wahrnehmenden entsprechend in rasche Alarmbereitschaft versetzen – eine Reaktion, die bis in die Gegenwart funktioniert und etwa im Straßenverkehr eine große Hilfe darstellt, wenn plötzlich ein Auto aus einer seitlich gelegenen Garageneinfahrt kommt und zu weit vorfährt. In solch einer Situation bekommt ein Autofahrer leicht einen Schrecken und unternimmt eine Vollbremsung, auch wenn keinerlei konkrete Gefahr besteht. Es bleibt nach wie vor besser, reaktionsbereit nach allen Seiten zu sein, als nur konzentriert nach vorne zu blicken.

## Das Gefühl, angestarrt zu werden

Doch bei allem Randsehen und seitlichem Aufmerken – was hinter dem eigenen Rücken passiert, kann man ohne Rückspiegel oder andere technische Hilfsmittel natürlich immer noch nicht sehen. Doch selbst wenn dies offenkundig zu sein scheint, so meldet sich an dieser Stelle trotzdem ein Problem zu Wort. Das heißt genauer, es meldet sich ein bekannter britischer Naturforscher namens Rupert Sheldrake zu Wort, der als Naturwissenschaftler und Philosoph an renommierten Universitäten ausgebildet worden ist und lange als Direktor eines biochemischen Instituts an einem College in Cambridge gearbeitet hat. Sheldrake hat sich im Lauf seines wissenschaftlichen Lebens immer wieder um Fragestellungen gekümmert, die seit Langem im Rahmen einer traditionellen Vorgehensweise keine Antwort aus den Reihen der universitären und akademischen Wissenschaft finden konnten, um eigene unkonventionelle Vorschläge mit ungewohnt wirkenden Konzepten zu unterbreiten – wobei er stets geraten hat, sie überprüfbaren experimentellen Tests zu unterziehen.

Im Jahr 2003 hat Sheldrake ein Buch zu diesem Themenkreis geschrieben, das im englischen Original *The Sense of Being Stared At* heißt, woraus für die deutsche Fassung *Der siebte Sinn des Menschen* geworden ist. *The Sense of Being Stared At* meint das Gefühl, das zum Beispiel der Verfasser dieser Zeilen, aber sicher nicht nur er, aus vielen eigenen Erlebnissen genau kennt und das ihm den Eindruck vermittelt, dass er von hinten angestarrt wird. Menschen sehen zwar nicht, was sich in ihrem Rücken abspielt. Sie spüren aber hin und wieder, wenn dort jemand steht und sie unvermittelt anstarrt, das heißt, dass dort jemand bewusst und gezielt und wenigstens ein paar Minuten lang eindringlich schaut und seine Augen auf den eigenen Rücken oder den Hinterkopf gerichtet hält. Sheldrake hat im Lauf der Jahre viele Beobachtungen zu diesem Phänomen gesammelt, die in drei Beispielen aus Amerika so klingen:

»Ich hörte mir einen Vortrag an, da verspürte ich nach 15 Minuten ein unangenehmes Kribbeln. Als ich mich umdrehte, entdeckte ich sieben Reihen hinter mir die Exfrau meines Mannes, die mich anstarrte.«

»Neulich hatte ich das Gefühl, dass etwa 15 Meter hinter mir mich jemand anstarrte, und als ich mich umdrehte, sah ich die betreffende Person unmittelbar, ohne lange suchen zu müssen.«

»Auf einem von Hunderten von Menschen wimmelnden Markt in Indien verspürte ich den Drang, mich umzudrehen, und da sah ich, wie eine alte Frau mich anstarrte. Ich hatte das Gefühl, dass wir uns kannten, aber sie war eine Fremde.«

Sheldrake fasst seine Beobachtungen zu diesen Phänomenen und den dazugehörigen Anekdoten mit den Worten zusammen, »dass bei dem Gefühl, angestarrt zu werden, in der Regel die Richtung, aus der der Blick kommt, wahrgenommen wird. Der Beobachter und der Beobachtete sind richtungsmäßig wechselseitig verbunden.« Und er möchte dies verstehen und im wissenschaftlichen Kontext begreifen. Der britische Naturforscher betont sicher zu Recht, dass die meisten Menschen schon erlebt haben, dass sie von hinten angestarrt werden, und dabei manchmal mit Unruhe und Nervosität reagierten, und er vertritt die Ansicht, dass die Naturwissenschaften sich an dieser Stelle einschalten und um eine Erklärung bemühen sollten.

Natürlich haben Physiologen und andere strikt sachlich und nur an bekannten Konzepten orientierte Erforscher von Wahrnehmungen des Menschen sich auch schon Gedanken zu dem Gefühl, von hinten angestarrt zu werden, gemacht und dabei alle möglichen Signale in Betracht gezogen, die doch irgendwie dem Auge zugänglich werden, auch wenn sie bislang niemandem aufgefallen sind. Bekanntlich reichen oft Winzigkeiten aus, um selbst da ein Lebewesen über den Sehsinn zu informieren, wo für einen Beobachter auf den ersten oder auch zweiten Blick nichts zu erkennen und wahrzunehmen ist. Bekannt in der Literatur ist der berühmte Fall eines Pferds – der kluge Hans mit Namen –, das offenbar rechnen konnte, das heißt, das brave Tier bewegte einen seiner Vorderhufe so oft und so lange, bis die dazugehörige Anzahl die Rechenaufgabe löste, die ihm vorher akustisch gestellt worden war. Natürlich konnte der kluge Hans nicht wirklich rechnen, wie inzwischen niemand mehr bestreitet, und sein abgezähltes Kratzen mit den Hufen fiel nur noch zufällig mit einer bestimmten Zahl und eher chaotisch aus, wenn sein Besitzer (und Aufgabensteller) für ihn unsichtbar blieb. Woraus der Schluss zu ziehen ist, dass das Pferd zwar kein Rechenmeister, wohl aber ein Wahrnehmungskünstler war. Es konnte offenbar die sicher minimale Regung im Gesicht seines Herrn – etwa in Form einer Erleichterung oder Ermutigung – oder in seinem Körper – etwa durch ein Zucken in den Schultern – erfassen, die sich dort in dem Moment zeigte, in dem der kluge Hans genau die richtige Zahl an Hufbewegungen absolviert hatte.

Also – das Gefühl, von hinten angestarrt zu werden, stellt möglicherweise gar kein Gefühl, sondern eine trickreiche Wahrnehmung von einem noch ausfindig zu machenden und eher unauffälligen Signal dar. In der dazugehörigen Empfindung zeigt sich vielmehr eine ausgeklügelte Sinneserfassung, die auf winzigste Veränderungen am Rande des Blickfelds reagiert, die man sich etwa so vorstellen kann: Eine Person starrt eine andere von hinten in einem Saal an. Der Vorgang dauert so seine Zeit, was von umstehenden oder dabeisitzenden Mitmenschen bemerkt wird, die sich über den gezielten und anhaltenden Blick wundern, sich austauschen, ihre Augen selbst kurz einmal in die Richtung des Angestarrten lenken, weil dort möglichweise eine Berühmtheit sitzt, die man sehen sollte. Und dieses allgemeine Schauen führt insgesamt zu einer anderen Blickverteilung als der zufälligen, die sich ohne den starren Blick eingestellt hätte, wofür Menschen ein – bislang noch unerforschtes – Wahrnehmungsvermögen haben, das in der geschilderten Situation reagiert und in der betroffenen Person zu dem Gefühl führt, von hinten angestarrt zu werden.

## Mentale Felder?

Das kann so sein, muss es aber nicht, und so hält Sheldrake es für sinnvoll, sich darüber Gedanken zu machen und Experimente auszudenken, um die dazugehörigen Hypothesen testen zu können. Ihn interessieren viele andere – auf jeden Fall im Rahmen der konventionellen Wissenschaft – unerklärliche und unbearbeitete Phänomene, etwa das Hellsehen, die Telepathie (nicht zuletzt am Telefon) und die vielfach ungewöhnliche Sensibilität von Tieren, die bekanntlich ein extrem empfindliches Gespür für drohende Gefahren zeigen und etwa vor allen Messgeräten merken, dass dort ein Erdbeben zu erwarten ist, wo sie sich gerade befinden. Pferde, Katzen und Papageien zeigen sich vielen Berichten zufolge in der Lage, die Rückkehr von einem vertrauten Menschen – dem Pferde- oder Katzenhalter – zu antizipieren, auch wenn das Heimkommen ohne Ankündigung und zur allgemeinen Überraschung der Familie geschieht. Sheldrake spricht in dem Fall von der »Fernwirkung von Intentionen«, denn er vertritt die Ansicht, dass sie es sind, die Intentionen mit ihren Spannungen, die im englischen Wort *tension* stecken, die von Tieren und manchmal auch von Menschen wahrgenommen werden können.

Der Ausdruck »Fernwirkung« stammt dabei aus den Anfangstagen der Physik, als etwa noch der große Isaac Newton die anziehende Wirkung der irdischen Schwerkraft als eine Kraft beschrieb, die auf entfernte Objekte wie den

Mond Einfluss zeigte, ohne dass sich erfassen ließ, wie die physikalische Verbindung zwischen den beiden Himmelskörpern zustande kommen könnte. Bis in das 19. Jahrhundert hinein sprachen die Physiker deshalb von einer Fernwirkung, bis der Engländer Michael Faraday vorschlug, zwischen den Dingen nach einem Medium zu suchen, das die nötige Wechselwirkung vermittelt. Und bald war in der Wissenschaft von Feldern die Rede, mit denen die Ferndurch eine Nahwirkung ersetzt wurde. Bald konnten elektrische und magnetische Felder nachgewiesen werden, durch die Ströme und Magnetnadeln miteinander in Wechselwirkung traten, und schließlich verstand man auch, was die Erde machte. Sie brachte wie jede Masse ein Gravitationsfeld hervor, das sich in ihrem Fall spürbar bis zum Mond und darüber hinaus ersteckte und für die Kraft sorgte, die ihn auf seiner Bahn hielt und das Universum beeinflusste.

Diese physikalische Idee des Feldes ist es nun, die Sheldrake gerne in die Erforschung der wahrnehmenden Sinne einführen möchte, und er hält es für möglich, dass es mentale oder andere Felder gibt, mit denen sich dann Berichte von Gedankenübertragungen, Vorahnungen und anderen bislang unfassbaren Phänomenen verstehen und plausibel machen lassen. Mentale Felder entstehen dann, so erläutert der britische Naturforscher seine Grundhaltung, wenn »der Geist nicht auf das Innere des Kopfes beschränkt ist, sondern sich über ihn hinaus erstreckt«. Die Bilder, die Menschen sehen, wenn sie die Sinnesleistungen ihrer Augen in Anspruch nehmen, befinden sich in seinem Verständnis nicht nur im Kopf, also dort, wo die Naturforscher und die Philosophen sie in seltener Einigkeit vermuten und lokalisieren. »Die Bilder, die wir erleben, wenn wir uns umschauen, sind genau da, wo sie zu sein scheinen, es sei denn, es handelt sich dabei um Illusionen oder Halluzinationen.«

Sheldrake entwirft in seinen Büchern das Konzept eines »erweiterten Geistes«, das mit mentalen Feldern operiert und die manchmal als außersinnlich bezeichneten Wahrnehmungen verständlich machen soll. Im Rahmen dieses Denkens ist es nicht so, wie man traditionell meint, dass Subjekt und Objekt radikal voneinander getrennt existieren, so »als ob sich das Subjekt im Inneren des Kopfes und das Objekt in der Außenwelt befände«. Sheldrake schlägt stattdessen vor: »Durch das Sehen gelangt die Außenwelt über die Augen in den Geist, und die subjektive Welt des Erlebens wird durch Wahrnehmungs- und Intentionsfelder in die Außenwelt projiziert. Unsere Absichten erstrecken sich sowohl hinein in die Welt rings um uns wie auch in die Zukunft. Wir sind mit unserer Umwelt und miteinander verbunden.« Das könnte auch einem Skeptiker gefallen.

# Andere Wahrnehmungen in der Welt – Sinne von Tieren und ihre Besonderheiten

So eindrucksvoll die Sinnesleistungen des Menschen sind, es gibt einige Signale der äußeren Welt, die er zu vernachlässigen und nicht auszunutzen scheint, um sich mit ihrer Hilfe zurechtzufinden. Bekannt ist dabei zum Beispiel das Magnetfeld der Erde, dessen Entstehung und historische Variation die Wissenschaft inzwischen gut versteht und das von einigen Vögeln wahrgenommen und zur Orientierung genutzt werden kann. Die Rede ist dabei von einem chemischen Kompass, der beim Zug der Vögel nach Süden dem Schwarm die Richtung weist und erstaunlicherweise bei Rotkehlchen im rechten Auge ausfindig gemacht werden konnte. Tatsächlich agierten Rotkehlchen, deren rechtes Auge abgedeckt worden war, orientierungs- und richtungslos, während dieselbe Manipulation am linken Auge keine Folgen dieser Art zeitigte, was die Frage aufwirft, was beim Einsatz dieses Magnetsinns im Detail in diesem Organ des Sehens passiert. Ursprünglich hatten Forscher vermutet, dass zum Beispiel Brieftauben das Magnetfeld mit dem oberen Teil ihres Schnabels erfassen, in dem Chemiker Körnchen aus Magneteisen – eisenhaltige Magnetitkörnchen – nachweisen konnten, wie es sachlich korrekt heißt. Darüber hinaus verfügen Vögel über Moleküle, die sich im Erdmagnetfeld verschieden ausrichten und dabei spürbar ihren Energiezustand ändern können, und es ist anzunehmen, dass auch mit ihrer Hilfe der Kompass im Auge funktioniert. Wie stets bleibt für die Forschung noch vieles zu prüfen und zu erkunden, selbst die offenkundige Frage, warum sich der Magnetsinn der Vögel auf ein einzelnes Auge beschränkt. Offenbar soll und kann dafür das Gegenauge andere Aufgaben übernehmen, aber welche? Und wie werden die jeweiligen Funktionen vom Gehirn gesteuert oder genutzt?

Übrigens – selbst Naturliebhabern und Vogelkundigen galt es lange Zeit als selbstverständlich, dass Vögel keinen Geruchssinn haben. Es gab da einige Experimente mit Truthähnen, die das ihnen angebotene Futter unabhängig von dem zugesetzten Riechstoff verschlangen, selbst wenn der signalisierte, ätzend und tödlich zu sein. Doch spätestens seit den 1960er Jahren berichtet die Wissenschaft von Strukturen in Vogelnasen, die warme einströmende Luft aufnehmen und mit ihr eine olfaktorische Erkundung der Umwelt ermöglichen. Albatrosse können beim Überfliegen des Meeres mit Hilfe ihrer Nase eine Geruchslandschaft – eher eine Geruchsseeschaft – konstruieren, um Nahrung und Partnervögel ausfindig zu machen. Vögel navigieren nicht nur mit Hilfe der himmlischen Sterne, sondern auch mit Hilfe irdischer Düfte. Nebenbei gesagt – australische Naturforscher haben bereits im 19. Jahrhundert bemerkt und berichtet, dass Kiwis in der Nacht den Boden beschnuppern, um Würmer im Erdreich zu finden. Doch die frühen Experten der Ornithologie haben dies als Ausnahme abgetan. Sie haben kein Näschen für die Wahrheit über die Sinne der Vögel gezeigt.

## Informationen aus der Luft

Zu den grundlegenden Fragen der Wissenschaft, die sich der Wahrnehmung widmet, gehört das Rätsel, wie es Organismen gelingt, Verwandte zu erkennen, – also solche Artgenossen, mit denen sie ein Bündel Gene teilen? Zu den grundlegenden Verhaltensweisen im Reich der Menschen und Tiere gehört die Vermeidung von Inzest, was dem Ziel einer genetischen Vielfalt beim Nachwuchs dient und neugierig macht, wie die Natur es verhindert, dass sich Verwandte paaren. Wie sich in diesen Tagen zeigte und wie das britische Wissenschaftsmagazin Nature (Band 304, S. 496-7, 2013) berichtete, weisen Tiere »a whiff of genome« – also ein Hauch Genom in der Nase auf. Damit ist gemeint, dass Mäuse und andere Tiere einen Verwandten dadurch erkennen. Sie nehmen in seinem Urin dessen ganz persönliche Mischung von biologischen Geruchsstoffen wahr. Dabei handelt es sich um Moleküle, die Fachleute als Peptide kennen und in denen genetische Informationen direkt gespeichert sind und zum Tragen kommen.

Es handelt sich bei den Duftnoten nicht um die erwähnten Pheromone, die Geschlechtspartner über große Distanzen anlocken, ohne dabei individuelle Informationen zu liefern. Pheromone zeigen einem Suchenden zwar an, dass irgendwo ein Artgenosse sitzt, aber erst nach einer genauen Inspektion der persönlichen Stoffe im Urin kann die Entscheidung getroffen werden, den richtigen gefunden zu haben und zur Paarung zu schreiten. Die von der Natur dafür vorgesehenen Moleküle, die erwähnten Peptide, können bereits in ungewöhnlich kleinen Konzentrationen die Nervenzellen der Sinnesorgane erregen. Einige Forscher neigen daher zu der Ansicht, hier einen universellen Mechanismus aufgespürt zu haben, mit dem die genetische Individualität eines Artgenossen sinnfällig wahrgenommen und erfasst wird. Die entscheidende Information für die Partnerwahl kommt durch die Luft, wenn sie auch den merkwürdigen Umweg über den Urin zu gehen hat. Man kommt sich eben langsam näher.

# Ultraschall und Elektrosinn

Den höchsten Bekanntheitsgrad unter den außergewöhnlichen Sinnen der Tiere genießt vermutlich die Fähigkeit von Fledermäusen, sich mit Ultraschall zu orientieren. Die einzigen aktiv flugfähigen Wirbeltiere, die Fledermäuse, senden zur Orientierung einen hochfrequenten Ruf aus, dessen Schallwellen sich durch die Luft ausbreiten, bis sie auf einen Gegenstand – ein Insekt oder eine Wand – treffen, von dort reflektiert und damit zum Sender zurückgeschickt werden. Mithilfe des empfangenen Echos ist eine Fledermaus in der Lage, Form, Größe, Position und Bewegung des anvisierten Objekts zu erfassen, um es dann im Anschluss an die durchgeführte Echolokation, wenn es sich etwa um ein Insekt handelt, im Flug zu schnappen und zu schlucken.

Die Laute der fliegenden Säugetiere liegen dabei oberhalb von 18.000 Hertz und reichen bis etwa 200.000 Hertz. Das sind alles Frequenzen, die Menschen nicht hören können und deshalb als Ultraschall bezeichnen. Der Ruf einer Fledermaus kann dabei über offenen Flächen eine Lautstärke von 110 Dezibel erreichen, was dem Krach einer Motorsäge entspricht. Sie können aber auch leiser sondieren und sich mit der Lautstärke eines unaufgeregten Gesprächs unter Freunden begnügen, was heißt, dass die Fledermäuse es bei 60 Dezibel belassen.

Der Wahrnehmungsapparat der zusammen mit den Flughunden die Ordnung Fledertiere ergebenden Blutsauger wird in der Wissenschaft als natürliches Sonarsystem bezeichnet, und ein vergleichbares Sammeln der Sinneseindrücke mit Ultraschall – allerdings in einem anderen Medium als dem der Luft – kennt man auch von Delphinen, deren Sonar sogar in der Lage ist, die stoffliche Zusammensetzung an der Oberfläche des Gegenstands zu erfassen, der ihnen ein Echo hat zukommen lassen. Delphine können zum Beispiel Stahlsorten noch in großer Entfernung unterscheiden, was Ingenieure auf die Idee gebracht hat, Geräte mit Ultraschall zu konstruieren, die nach dem Prinzip des Delphin-Sonars operieren und eingesetzt werden, um etwa Schiffsrümpfe oder Munitionsreste auf dem Meeresboden auszumachen.

Wer sich von diesen schwimmenden Säugetieren ausgehend weiter unter Wasser umsieht, kann auf Fische treffen, die einen erstaunlichen Elektrosinn entwickelt haben und mit seiner Hilfe selbst oder gerade im Trüben fischen können, wie man kalauernd sagen könnte. Der in der Nacht aktive Elefantenrüsselfisch zum Beispiel verfügt über ein elektrisches Organ, mit dessen Hilfe er pro Sekunde 1700 elektrische Impulse erzeugen kann. Damit entsteht um ihn herum ein elektrisches Feld, das durch benachbarte Objekte und deren Leitfähigkeit spürbar beeinflusst wird. Durch die von ihnen reflektierten und wahrgenommenen Signale kann der Fisch insgesamt einen »Einblick« in seine Umgebung bekommen und danach sein Verhalten ausrichten.

Den besten Elektrosinn scheinen Zitteraale entwickelt zu haben, die in dunklen und trüben Gewässern ihre Gegner oder Opfer dadurch aufspüren können, dass sie geringfügige Änderungen des elektrischen Felds, das sie selbst erst generiert, dann ausgesendet und zuletzt erneut empfangen haben, erfassen und in Handlungsabläufe umsetzen können. Ein Zitteraal kann mit seinen elektrischen Organen, die im Lauf der Evolution aus Muskelzellen entstanden sind, die dabei eine funktionelle Umbildung erfahren haben, Spannungen von bis zu 500 Volt und eine Menge Kilowatt erzeugen, was ihn tatsächlich lebensgefährlich macht.

# Die Sinne von Fischen

Während sich Menschen vornehmlich in (hoffentlich) frischer Luft aufhalten, leben Fische bekanntlich im Wasser, wobei diese an sich triviale Feststellung für den hier verhandelten Zusammenhang die Erwartung nahelegt, dass die Bewohner des Meeres und der Seen andere Sinnesorgane erworben und entwickelt haben, um sich in ihrer Umwelt zurechtzufinden und an sie anzupassen. Das heißt nicht, dass Fische nicht sprechen – akustische Signale von sich geben – können, wie sich zum Beispiel am Knurrhahn studieren lässt, der eine Art Knurren mithilfe einer Schwimmblase erzeugen kann, indem er aus ihr Luft austreten lässt und damit aufsteigende Blubberblasen im Wasser erzeugt.

Was die besonderen Sinne von Fischen angeht, so verfügen sie unter anderem über ein hoch spezialisiertes Organ, mit dem Druckwellen aus der wässrigen Umwelt empfangen und ihre Stärken und Richtungen registriert werden können. Das Hauptsinnesorgan der Lebewesen in der Wasserwelt kennt die Wissenschaft als Seitenlinienorgan. Dabei handelt es sich um einen Ferntastsinn, mit dem Fische Strömungen und Vibrationen des Wassers wahrnehmen und deren Ursprungsort ausmachen können. Das Seitenlinienorgan zeigt sich als eine mit Schleim gefüllte Röhre, die durch dünne Poren mit der Außenwelt verbunden ist und in der sich – wie in den Ohren – feine Haarsinneszellen befinden, die von auftreffenden Druckwellen bewegt und erregt werden.

Ein schwimmender Fisch schiebt physikalisch unvermeidlich eine Wassersäule vor sich her, die von Hindernissen zurückgeworfen wird und deren Echo dann auf das Seitenlinienorgan trifft. Es ist diese trickreiche Einrichtung der Evolution, mit der es Fischen zum Beispiel gelingt, sich in und mit einem Schwarm zu bewegen, ohne dabei dauernd mit anderen zusammenzustoßen.

Übrigens – Menschen können nur Stoffe schmecken, die im Wasser gelöst sind und dann auf der Zunge ihre Rezeptoren finden. Duftstoffe kommen durch das Medium, in dem sich Menschen aufhalten und bewegen, die Luft. Da dieses Medium des Daseins für Fische das Wasser ist, lässt sich sagen, dass für diese Vertreter des Tierreichs der Geruchs- und der Geschmacksinn identische Qualitäten liefern. Das heißt, wenn man schon im Wasser lebt und diese Flüssigkeit als eine Suppe von vielen gelösten chemischen Substanzen durchquert und erfährt, dann sollte sich auch ein Geschmacksinn entwickeln lassen, der sich sehen lassen kann. Und tatsächlich zeigt sich, dass die entsprechenden Rezeptoren nicht etwa um das Maul herum begrenzt sind, sondern sich etwa beim Wels Sinnesknospen über den ganzen Körper und seine Haut verteilt finden.

Fische schmecken ihre Umwelt, wenn man so sagen will, und sie weisen zum Beispiel in der Nähe ihrer Augen vier kleine Nasenlöcher auf, die mit Ventilen versehen sind und an die sich eine Geruchskammer anschließt. Diese anatomische Struktur hat die Natur mit einem dichten Teppich aus Nervenenden versehen, die ihre Informationen über Duftstoffe an die zuständige Stelle im Hirn weiterleiten, die als Geruchslappen wenig poetisch benannt ist. Beim Lachs nimmt dieser riechaktive Teil mehr als die Hälfte des Gehirnvolumens ein, was die Auskunft der Biologie verständlich werden lässt, dass etwa der Geschmackssinn einer Forelle mehr als eine Million Mal empfindlicher als der eines Menschen reagiert und anspricht. Ein Aal, so ist zu lesen, könnte sogar einen einzigen Zuckerwürfel riechen oder schmecken, den jemand in den Bodensee geworfen hat.

Da stellt sich die Frage, was ein schwimmender und empfindsamer Bewohner des Schwäbischen Meeres tatsächlich bei all den Millionen Stoffen empfindet und spürt, die Menschen in den See schmeißen oder die sonst wie dahin gelangen.

## Sichtbares Infrarot

Heute gehört es zum Standardwissen, dass es unsichtbares Licht gibt etwa in Form von infraroten oder ultravioletten Strahlungen, wobei die Vorsilben »infra« und »ultra« andeuten, das man sich außerhalb des sichtbaren Spektrums befindet und beim ersten Wort auf der unsichtbaren Seite von Rot und beim zweiten auf der unsichtbaren Seite von Violett angekommen ist. Unabhängig davon wird es niemanden überraschen, dass es im Reich der Tiere doch Hervorbringungen gibt, die das Licht sehen können, das für Menschenaugen unzugänglich bleibt. So kennt die Biologie den Schwarzen Kiefernprachtkäfer, der über die Fähigkeit verfügt, Infrarot wahrzunehmen, und über die Empfindlichkeit für die Wärmestrahlung in der Lage ist, Waldbrände noch in großer Entfernung wahrzunehmen. Er nutzt diese Information, um seinen Larven Gelegenheit zu geben, sich in dem verkohlten Holz zu entwickeln. Die Kenntnis des Infraroten verschafft sich der Käfer mittels einer Art Druckbehälter, der durch die empfangene Strahlung erwärmt wird und sich ausdehnt.

Berühmter und bekannter ist der Infrarotsensor von Schlangen wie der Grubenotter. Der für die Wärmestrahlung empfindliche Körperteil heißt Grubenorgan und sitzt zwischen Nasenlöchern und Augen. Eine Schlange kann mit ihrem Infrarotempfang selbst kleinste Veränderungen der Temperatur in ihrer Nähe wahrnehmen, wobei vor allem wichtig ist, dass Beutetiere solch eine Erwärmung der Luft bewirken, was sie für den Jäger bemerkbar und ergreifbar macht. Das Grubenorgan beginnt mit einer äußeren Kammer, die mithilfe einer hauchdünnen Membran von der dazugehörigen inneren Kammer getrennt wird, die ihrerseits mit Luft gefüllt ist. In der Membran enden zahlreiche Nerven, die dann als Wärmerezeptoren dienen und sogar in der Lage sind, der Grubenotter eine räumliche Verteilung der Temperatur und damit ein adäquates Wärmeprofil ihrer Umgebung zu liefern. Menschen können über die damit erreichte Empfindlichkeit der Schlangen nur staunen, die Temperaturunterschiede von weniger als einem Hundertstel Grad wahrzunehmen in der Lage sind, während Menschen selbst kaum bemerken, wenn die Temperatur um ein Grad schwankt.

## Was Bienen über Blüten wissen

Abschließend soll es um den Superorganismus gehen, den Menschen als Biene kennen und dessen ungeheuer eindrucksvolle Qualitäten der Würzburger Forscher Jürgen Tautz in seinem wunderbaren Buch über das *Phänomen Honigbiene* beschrieben hat. Ein Kapitel ist darin dem gewidmet, »was Bienen über Blüten wissen«. Es geht dabei also um die Seh- und die Duftwelt der Bienen, deren Kommunikation sich zu einem großen Teil um ihre Beziehung zu den Blütenpflanzen dreht. In den Worten von Jürgen Tautz: »Die Sinneswelt der Honigbiene ist hervorragend an die Signale, die Blüten aussenden, angepasst. Blüten heben sich optisch durch ihre Farbe von dem grünen Blätterwald ab. Bienen können Farben sehen. Bienen haben einen höchst empfindlichen Geruchsinn entwickelt. Die Blüten duften.«

Nun können Blüten die Eigenschaften »optisches Erscheinungsbild« und »Duft« beliebig kombinieren, wie Tautz schreibt. Farbe, Form und Geruch ergänzen sich, um auf diese Weise »Gestalten« von Blüten zu erzeugen, die eine Biene erkennen und von anderen Blütengestalten unterscheiden soll. »Eine solche Unterscheidung ist ein für Bienen wie für Blüten höchst wichtiges Phänomen, die Blütenkonstanz der Sammelbienen.« Sie »besuchen nicht einfach wahllos jede Blüte, auf die sie treffen, so wie andere Blütensucher, zum Beispiel Schmetterlinge oder Fliegen, sondern sammeln am jeweiligen Arbeitstag bevorzugt an der Blütenpflanze, mit der sie ihr Tagwerk begonnen haben«.

Dieses auch als Blütenstetigkeit bekannte Phänomen bringt den Pflanzen den Vorteil, dass ihr Pollen nicht auf artfremden Blüten landet und somit verschwendet wird. Und den Bienen verschafft »die Blütenkonstanz die Möglichkeit, mit dem jeweils besuchten Blütentyp zu üben, um rasch an den begehrten Nektar zu gelangen«.

Das ihnen von der Natur mitgegebene Lernvermögen und »die Fähigkeit, Düfte und optische Reize zu unterscheiden, sind bei den Honigbienen derart ausgeprägt«, wie Tautz zu berichten weiß, »dass in experimentellen Situationen bei diesen Insekten kognitive Fähigkeiten aufgedeckt werden konnten, die denen von niederen Wirbeltieren in nichts nachstehen. Sogar abstrakte ›intellektuelle‹ Leistungen, deren biologische Bedeutung noch eher unklar ist, ließen sich nachweisen: Bienen können die Orientierung bestimmter Muster im Raum erkennen, unabhängig von ihrer eigenen, im Flug stark schwankenden Körperhaltung.«

Und es geht noch weiter, wie der Bienenforscher zu erzählen nicht müde wird, um die »Bienenintelligenz« vor einem staunenden Leser auszubreiten. Vielleicht stimmt es ja, was Albert Einstein gesagt haben soll, dass dann, wenn die Bienen von der Erde verschwinden, dem Menschen nur noch eine knappe Frist von einigen Tagen bleibt. Ohne Bienen keine Bestäubung, ohne Bestäubung erst keine Pflanzen mehr, dann keine Tiere mehr, und zuletzt kommen die Menschen an der Reihe. Sie werden und sollten versuchen, dieses Szenarium zu verhindern, wenigstens solange sie noch bei Sinnen sind und ihre Sinne offen für die Welt bleiben, in der sich das Leben wohlfühlt und seinen Platz gefunden hat.

# Die Entwicklung der Sinne

So wie die Physiker zwischen Fernwirkungen und Nahwirkungen unterscheiden, teilen die Physiologen die für empfindsame Organe wahrnehmbaren Signale in Fern- und Nahsinne ein (siehe Kasten »Nah- und Fernsehen«). Von Fernsinnen ist die Rede, wenn kein direkter Kontakt mit dem anvisierten Gegenstand oder Lebewesen nötig ist und ein räumlicher Abstand bleiben kann, um sich Kenntnisse von ihm anzueignen, wie es beim Sehen mit den Augen, beim Hören mit den Ohren und beim Riechen mit der Nase der Fall ist. Die auslösenden elektromagnetischen, akustischen und chemischen Reize kommen bei diesem Sinneserleben durch die Luft. Das Fernwahrnehmen ergänzen Menschen durch abstandslos nah wirkende Körperorgane, die tastend, schmeckend und fühlend auf Wärme, Feuchtigkeit und Berührungen reagieren. Die entsprechende Kontaktaufnahme beginnt dabei schon vor der Geburt, und erste Wahrnehmungen der Außenwelt gelingen den in einer Gebärmutter heranwachsenden Kindern mittels ihres schon empfangsbereiten Tastsinns. Etwa ab der siebten Schwangerschaftswoche merkt ein Fötus zum Beispiel, wenn jemand den Bauch der Mutter bewundernd streichelt oder auf andere Weise berührt. Das kleine und sich nach und nach regende Wesen spürt ganz sicher auch die angenehme Wärme seiner Lebenshöhle, und es ist ihm möglich, die Lage wahrzunehmen, in der es sich zu einem gegebene Zeitpunkt seines Werdens befindet. Im letzten Drittel der Schwangerschaft nehmen immer mehr Sinnesorgane ihre Tätigkeit auf, und ein Fötus beginnt zu hören, zu riechen und zu schmecken, das heißt, sein Gehirn empfängt Nachrichten über akustische und chemische (molekulare) Signale. Föten empfangen Laute der Welt durch die Bauchdecke der Mutter, deren aufgenommene Nahrung es auch ist, die dem werdenden Leben ein erstes Schmecken ermöglicht. Im Detail untersucht wurde diese frühe Form der Sinnlichkeit am Beispiel des Schmeckens von Anis, das über den wissenschaftlich nutzbaren Vorteil verfügt, sich gleichmäßig auf alle Körperflüssigkeiten zu verteilen. Als Kindern ein paar Stunden nach ihrer Geburt ein Wattebäuschen mit ein wenig Anisöl unter die Nase gehalten wurde, lächelten vor allem die Säuglinge, deren Mütter während der Schwangerschaft von dem Gewürz gekostet hatten. Sie wurden offenbar eher zufriedengestellt als der Nachwuchs jener Mütter, die auf das oft als süßlich empfundene Anis verzichtet hatten. Wer den Geschmack aus den Tagen vor seiner Geburt kannte, wandte sich auch nach dem Eintritt in die äußere – meist feindliche – Welt dem Gewürz und seinem Geschmack zu.

### Nah- und Fernsehen

In der deutschen Sprache benutzt jeder das Tätigkeitswort »fernsehen«, ohne ihm sein linguistisches Gegenstück »nahsehen« gleichberechtigt an die Seite zu stellen. Nahsehen ist auf jeden Fall besser als fernsehen, und zwar deshalb, weil das Glotzen auf die Glotze anders abläuft als das Sehen, das sich der Welt vor den Augen zuwendet, wenn dort kein Fernsehgerät steht. Beim Fernsehen – oder überhaupt beim Schauen auf Bildschirme, etwa von Laptops – reduzieren die Augen das Blinzeln, also das schnelle und unwillkürlich ablaufende Schließen der Augenlider, mit dem das Sehorgan feucht gehalten wird. Menschen blinzeln etwa ein Dutzend Mal pro Minute, wenn sie nahsehen, aber weniger als halb so oft, wenn sie fernsehen. So entstehen trockene Augen, die schmerzen können, was leicht und ohne Rezept verhindert werden kann, wenn man sie vom Bildschirm ablenkt und sich der Natur zuwendet.

Es gibt noch eine zweite Besonderheit des Fernsehens, die mit der Tatsache zu tun hat, dass es sich um elektronisch erzeugte Bilder handelt, die das Auge anstarrt, und die sind dauernd in Bewegung, was durch den oftmals hektischen Wechsel von Werbefilmen noch verstärkt wird. Dieses flimmernde Geblitze soll vermutlich dafür sorgen, dass ein Zuschauer beim Fernsehen nicht einfach wegdöst und einschläft, was unweigerlich der Fall ist, und zwar dadurch, dass seine Augen das auf dem Bildschirm Erblickte wegen seines elektronischen Gewimmels nicht fokussieren können. Das Gehirn will das Gesehene aber scharf erblicken und sucht daher den geeigneten Blickpunkt, ohne dass es dazu eigens ermuntert werden müsste. Und während es ihm nachspürt, ohne ihn zu finden, zieht es die Aufmerksamkeit des Zuschauers von dem Inhalt des Gesehenen ab. Der Fernsehende beginnt zu dösen und nickt ein.

## Die Anfänge des Sehens

Wie alle Eltern und Großeltern wissen, halten Neugeborene in den ersten Tagen nach ihrer Geburt erst einmal die Augen geschlossen, und sie benötigen einige Zeit, um sich an die für sie ungewohnte Helligkeit selbst eines bewölkten und eher dämmrigen Tages zu gewöhnen. Mir scheint, dass die Fähigkeit von Menschen, ihre Augen jederzeit schließen zu können – im Gegensatz zu ihren Ohren –, ihnen unter anderem einen Schutzmechanismus zur Verfügung stellte, der es erlaubte, sich erst allmählich an die sehr hellen und lebensspendenden Strahlen der Sonne zu gewöhnen. Der Lärm in der Frühzeit der Menschen kannte sicherlich nicht die infernalischen Pegel der Neuzeit, in der die Sonne aber so hell und strahlend scheint wie schon immer, seit Menschen unter ihr leben.

Unabhängig von den zunächst sich nur allmählich öffnenden Augen der Kleinkinder lassen sich Fragen an die Wissenschaft stellen, die etwa lauten: Was und wie gut können Neugeborene überhaupt sehen? Wie entwickelt sich ihre Sehfähigkeit, wenn sie heranwachsen und immer mehr Dinge zu Gesicht bekommen, die in den Spielzeugläden des 21. Jahrhunderts zudem ständig bunter und formenreicher werden? Und da bleibt nach wie vor die uralte Frage der griechischen Philosophen, wie die Sinne in einem Menschlein beginnen, das Zusammenfinden zu lernen, das irgendwo im Kopf stattfinden muss? Schließlich finden die Signale der äußeren Welt durch unterschiedliche Kanäle Eintritt in ein einzelnes Leben, und dort werden zudem getrennt verlaufende Ketten von Signalen geknüpft. Wo und wie hängen sie zusammen?

Der Brei, den die Winzlinge etwa auf die Finger bekommen und in den Mund zu bugsieren versuchen, kann gesehen, gerochen, gespürt und geschmeckt werden. Und woher, wann und wie gelingt den Knirpsen am Esstisch die selbstverständliche Erfahrung, dass die vier Sinneseindrücke von einem einzelnen Ding stammen, für das sie später im Leben sogar einen Namen lernen, den sie mit ihm verknüpfen müssen?

Bei dieser Thematik machen es der Brei oder einige Stückchen Schokolade den Wissenschaftlern noch einfach, die sich aber weiteren Schwierigkeiten gegenübersehen, wenn es um die Mutter der Kinder geht. Sie kann nämlich sogar über fünf Kanäle empfangen und sinnlich einverleibt werden, nämlich hörend, sehend, riechend, fühlend und schmeckend, wobei diese Aufzählung noch weiter gehen könnte.

Bei ihren Bemühungen um frühkindliches Wahrnehmen konnten die Sinnesforscher nachweisen, was Eltern längst wussten, auch wenn sie keine Wissenschaftler waren. Ihre Babys wenden ihre visuelle Aufmerksamkeit am liebsten und längsten menschlichen Gesichtern zu – allerdings sehen sie dabei ganz sicher nicht dasselbe, was erwachsene Menschen erblicken. Kleinkinder sehen die Welt vor ihren Augen nämlich eher verschwommen. Konkret können sie nur Gegenstände oder Personen, die sich weniger als 30 cm von ihrem Gesicht entfernt aufhalten, mehr oder weniger scharf ausmachen. Der genannte Abstand leuchtet sofort ein, wenn man sich klarmacht, dass er die Distanz angibt, die für ein Baby zum Gesicht der Mutter besteht, wenn sie ihr Kind im Arm hält. Die visuell erfahrene Welt, die Kinder sich mit ihrem Sehsinn erschaffen, sollte man sich nach einem Vorschlag der Psychologin Alison Gopnik wie eine Gemäldegalerie vorstellen, in der Porträts von Malern wie etwa Frans Hals oder George Rouault hängen, die nur sehr schwach beleuchtet sind, und zwar von Lämpchen, die an den dazugehörigen Rahmen angebracht sind. Man sieht einen Raum voller Gesichter vor einem verschwommenen Dunkel als Hintergrund, und mit diesem Bild stellt sich die Welt einem kleinen Menschen zum ersten Mal vor – so stellen es sich Erwachsene zumindest vor.

## Das Molyneux-Problem

Die offene Frage nach der Konvergenz der vielen Sinnesleistungen auf den einen gemeinsamen Sinn – den *common sense* – für den Gegenstand, der die wahrnehmbaren Reize aussendet, wurde zum ersten Mal im ausgehenden 17. Jahrhundert gestellt, und sie findet sich in einem Brief, den der irische Naturphilosoph William Molyneux dem englischen Philosophen John Locke geschrieben hat, und zwar am 7. Juli 1688 (siehe Kasten »William Molyneux und John Locke«). Locke hatte in seinen Schriften unterschieden zwischen Ideen, die Menschen durch einen Sinn bekommen – die Idee der Farbe durch den visuellen Sinn –, und Ideen, die mehr als eine Art der Sinneserfahrung benötigen, um entworfen zu werden. Locke meinte, dass eine nicht vorhandene Sinnesqualität auch verhindere, dass sich die dazugehörige Idee einstelle. Ein blind geborener Mann könne einfach nicht erfassen, was ein Begriff wie Farbe meint.

---

### William Molyneux und John Locke

**John Locke** (1632–1704) gilt als Vordenker der Aufklärung, der viel über Fragen der Erkenntnis geschrieben und Vertragstheorien entworfen hat, die unter anderem die Unabhängigkeitserklärung der USA (1776) beeinflussten. Was das Erkennen angeht, so gilt der *Versuch über den menschlichen Verstand* als sein Hauptwerk. Dieser *Essay Concerning Human Understanding* erschien 1690 und verwarf die Vorstellung von angeborenen Ideen. Für ihn gab es nichts im Verstand eines Menschen, das nicht zuvor in seinen Sinnen gewesen wäre.

**William Molyneux** (1656–1698) lebte und starb in Dublin. Durch das vom Vater geerbte Vermögen konnte er ein finanziell unabhängiges Leben in aller Ruhe führen und sich politischen und philosophischen Themen widmen. Dabei interessierte ihn das Wechselspiel von Sinnen und Gedanken. Er wurde Mitglied im irischen Parlament und übersetzte die Werke von René Descartes aus dem Französischen. Molyneux verbrachte zwar sein Leben in Irland, meinte aber, dass wissenschaftliches Tun in seiner Heimat Mühe mache.

Molyneux wollte dies genauer verstehen und setzte dabei das bis heute erörterte Molyneux-Problem in die wissenschaftliche Welt. Er stellte sich dabei zunächst einen als Blinden geborenen Mann vor, dem eine Kugel und ein Würfel von etwa gleicher Größe zur Verfügung stehen, die er mit seinen Händen ertasten und wahrnehmen kann. Diesem Mann soll nun mit einem Mal das Augenlicht gegeben sein. Das heißt, man nimmt an, er kann plötzlich etwas sehen wie alle anderen, und dann stellt sich eine spannende Frage, die bei Molyneux so klingt: »Könnte der bislang Blinde nur durch sein Sehen und ohne Berührung der Gegenstände sagen, welcher von beiden der Würfel und welcher die Kugel ist?«

Locke hat zwar Molyneux' Brief nicht beantwortet, er ist aber in späteren Auflagen seines philosophischen Hauptwerks mit dem Titel *Ein Versuch über den menschlichen Verstand* auf das Problem eingegangen und hat 1693 darauf mit einem Nein geantwortet. Kann der sehend gewordene Blinde Würfel und Kugel mit den Augen unterscheiden, wollte Molyneux wissen. »Nein«, meinte Locke, um dann fortzufahren: »Der Mann wisse zwar aus Erfahrung, wie sich eine Kugel und wie ein Würfel anfühle, allein er wisse noch nicht aus Erfahrung, ob das, was sein Gefühl so oder so errege, auch sein Gesicht so oder so erregen müsse, und dass eine vorstehende Ecke in dem Würfel, die seine Hand ungleich drückte, seinem Auge so erscheinen müsse, wie es bei einem Würfel geschehe.«

So eindeutig das Bekenntnis von Locke auch ausfällt, das Molyneux-Problem scheidet die Geister bis heute und teilt das wissenschaftliche Lager, jedenfalls solange kein Experiment unternommen wird, mit dem eine Entscheidung zustande kommen kann. Die gegensätzlichen Standpunkte lassen sich so zusammenfassen:

Wer auf die Molyneux-Frage mit Ja antwortet, vertritt die Ansicht, dass die Koordination der Sinne angeboren und durch genetische Vorgaben bedingt ist. Wer hingegen wie Locke Nein sagt, ist davon überzeugt, dass das Verknüpfen von Wahrnehmungen allein durch die Erfahrung der Sinne möglich wird. Wer auf die im Leben gemachten Erfahrungen setzt, bekommt in der philosophischen Debatte die Bezeichnung »Empirist«, und wer an ein mit der Geburt gemachtes Geschenk glaubt, gilt als »Nativist«. Das Empirische leitet sich vom griechischen Wort *empeiria* ab und das Native vom lateinischen *natus*, was Geburt meint. Bei dem Molyneux-Problem haben sich Nativisten und Empiristen durch die Jahrhunderte hindurch gestritten, ohne sich einigen zu können, was die unvermeidliche Frage aufwirft, ob sich das Thema inzwischen klären lässt – und zwar mithilfe von Experimenten und Beobachtungen.

Seit wenigen Jahrzehnten gibt es eine Methode, Babys und Kleinkinder unauffällig zu beobachten, und zwar mit den kleinen und leistungsfähigen Geräten, die auch massenhaft als Überwachungskameras eingesetzt werden und etwa an Bahnhöfen und in Supermärkten installiert sind. Mit ihrer Hilfe lassen sich bequem Videoaufzeichnungen von Abläufen und Verhaltensweisen machen, und die längst für wenig Geld erwerbbaren und weitverbreiteten Geräte werden inzwischen auch von Kinderpsychologen geschätzt und gezielt in Kindergärten oder bei arrangierten Laborsituationen eingesetzt, um das Treiben der Kleinsten wissenschaftlich erfassen und deuten zu können. Natürlich wussten Väter und Mütter schon längst, dass ihr Nachwuchs gerne Gesichtsausdrücke nachahmt und oft und gerne die Zunge herausstreckt. Aber die Forscher wollten zum Beispiel erkunden, woher die Neugeborenen wissen, dass sie die Zunge herausstrecken, die sie ja nicht sehen und nur fühlen können.

Die geschilderte Videotechnik erlaubt es, die Verteilung der Aufmerksamkeit von Kleinkindern zu erfassen, indem zum Beispiel registriert wird, in welche Richtung ein Kopf wie oft oder wie lange gedreht und anschließend in dieser Position gehalten wird. Damit lässt sich unter anderem zeigen, dass bereits sechs Monate alte Babys von den Lauten her zwischen zwei Sprachen unterscheiden können – Schwedisch und Englisch zum Beispiel –, was auf eine sehr früh einsetzende Differenzierung des auditiven Vermögens bei Sprachlauten hinweist. Mit der Videotechnik kann man sich auch der Frage zuwenden, ob sich Kleinkinder eher für einen neuen Gegenstand interessieren, der in ihr Blickfeld gerückt wird, oder ob sie lieber auf vertraute Objekte blicken und ihre Augen dort verweilen lassen. Überraschenderweise stellte die Kinderpsychologie dabei fest, dass die Babys zwar wie die Erwachsenen Lust auf Neues haben, dieses einfache Vergnügen aber schwindet, wenn es zu viel zu erfassen gibt und mehrere Sinne daran beteiligt sind.

Mit diesen Erfahrungen und technischen Vorgaben kann eine erste Klärung des Molyneux-Problems unternommen werden. In einem Experiment ist es mühelos und ethisch verantwortbar möglich, Kleinkinder so in eine Trage zu setzen, dass ihre Hände unter einem Tischchen stecken und dann ebenso wenig zu sehen sind wie die Objekte, die man ihnen zum Begreifen anbietet. Im Experiment reicht man den Kleinen einige Klötzchen, die sie mit ihren Fingern anfassen und mit denen sie dann spielen können, bis sie herunterfallen. Anschließend bekommen die kleinen Probanden Bilder vorgelegt, auf denen die eben noch in Händen gehaltenen Bausteine oder andere Gegenstände – zum Beispiel Stäbe oder Ringe – zu sehen sind, und nun wird geprüft, worauf sie ihren Blick länger ruhen lassen. Das Ergebnis ihrer Beobachtungen formulieren Kinderpsychologen etwa so: »Sehr kleine Kinder begucken lieber ein neues Objekt und nicht ein bekanntes, auch wenn sie das bekannte vorher nur anfassen durften und nicht gesehen haben.«

Die dazugehörigen Beobachtungen machen auf jeden Fall deutlich, dass sich die beteiligten Sinnessysteme innen austauschen und die dabei zustande kommenden Verbindungen den Babys helfen, »Anforderungen der Umwelt schnell und effektiv zu begegnen«. In der Fachliteratur wird die Ansicht vertreten, hierbei handele es sich um »die Basis des Lernens«, was aber vielleicht zu weit geht. Immerhin sind die Experimente nur mit deutlich unterscheidbaren Elementarformen – rund versus länglich oder rund versus eckig – durchgeführt worden, und bevor große Thesen verkündet werden, sollte man erkunden, ob es nicht Formen des Sehens und Greifens gibt, die aufgrund geometrischer Einfachheit von Kinderhänden bevorzugt werden. Auch bleibt zu fragen, ob ein Gegenstand noch als etwas Neues empfunden wird, wenn etwa eine Holzkugel und ein runder Apfel als Konkurrent um die kindliche Neugierde gegeneinander antreten.

Wie dem auch sei, die sinnliche Lust auf das Neue ergibt sich offenbar nicht einfach als fest erlernte Reaktion, wie sich an der Tatsache zeigt, dass sich die oben geschilderte Präferenz nach ein paar Monaten wieder verliert. Ältere Säuglinge reagieren auf die beiden gezeigten Objekte gleich intensiv. Es bleibt an dieser Stelle unklar, was sie dazu veranlasst und welche Rolle zum Beispiel die Unterscheidung von Grob- und Feinwahrnehmung spielt, die von Bedeutung wird, wenn sich das Gehirn weniger für die Form und mehr für die Textur der Oberfläche interessiert und sie mit den Händen ertastet.

Auf jeden Fall passiert im ersten Lebensjahr eine Menge im Bereich der Sinne, nachdem die Kinder ihre Augen geöffnet haben. Sie lernen dann auch, Bilder und Töne so zu verknüpfen, dass sie beim Hören einer melancholisch klingenden Stimme ihre Augen eher dem traurig blickenden Gesicht zuwenden, das vor ihnen aufgemalt worden ist und mit einem Lächeln konkurriert. In ganz jungen Monaten gelingt den kleinen Menschen diese Zuordnung noch nicht.

Bleibt die Frage, ob sich damit oder mit anderen Experimenten etwas zum Molyneux-Problem sagen lässt. Im Jahr 2011 haben Kinder, die zunächst blind geboren worden waren und dann im Alter zwischen 8 und 17 Jahren durch eine Operation erstmals die Sehfähigkeit bekommen konnten, vor dem Eingriff die Gelegenheit ergreifen können, Gegenstände zu tasten und zu unterscheiden. Nach der Operation sollten sie die zuvor befühlten Versuchsobjekte mit der Bitte betrachten, das jetzt Angesehene dem früher Getasteten zuzuordnen und mit ihm zu vergleichen, und die Beobachtungen zeigten, dass ihnen dies anfänglich nicht gelungen ist und Probleme bereitete. Später zeigten sie sich dann aber in der Lage, einen gesehenen Gegenstand als einen zu identifizieren, den sie schon einmal in Händen gehabt hatten, und zwar zu einer Zeit, als sie noch blind waren. Die endgültige empirische Antwort auf die Frage von Molyneux scheint zwar so zu klingen, wie Locke sie theoretisch schon im 17. Jahrhundert gegeben hat, nämlich Nein. Aber noch gibt es Platz für andere Ansichten, und es bleibt letzten Endes unklar, was jemand wie sehen kann, wenn er oder sie diese Sinnesqualität nicht auf den natürlichen Wegen lernen und auskundschaften konnte, sondern plötzlich in die Lage versetzt wurde, Licht zu empfangen. Sein Weg zum Sehen beginnt erst an dieser Stelle, und die vorliegenden Experimente lassen noch nicht erkennen, wie weit man auf ihm kommt.

## Angeboren oder erfahren?

Hinter dem Molyneux-Problem, das trotz oder wegen seiner Direktheit zu den fruchtbarsten Gedankenexperimenten in der Geschichte der Philosophie und der Wissenschaften gezählt werden kann, steckt die allgemeine Frage: Wie lässt sich bei der Alternative »angeboren oder erfahren« entscheiden, wie viel von der menschlichen Erkenntnis aus dem durch die Sinne Erfassten kommt und wie viel dem von Natur aus gegebenen Denkvermögen zugeschrieben werden kann? In den letzten Jahren konnte immer wieder in der Presse gelesen werden, dass bestimmte Formen der Intelligenz zu 54,3 Prozent (oder so ähnlich) durch die Umwelt bedingt seien, während 45,7 Prozent den Genen zugerechnet werden müssen. Informationen dieser Art kann man gerne übergehen, übersehen sie doch selbst die banale Einsicht, dass Menschen nur mit den Sinnen und anderen Organen auf die Umgebung reagieren können, die ihnen dank der Hilfe von Genen im Lauf der biologischen Stammesgeschichte geliefert worden sind. Die Erbanlagen selbst sind im Verlauf der Evolution und dabei von der Umwelt geformt worden, in der sich menschliches Leben abgespielt und durchgesetzt hat. Die Alternative »Gene oder Umwelt« (Innenwelt versus Außenwelt) ist praktisch wie prinzipiell ziemlich sinnlos – so sinnlos oder unsinnig wie die berühmte Frage, wer zuerst da war, das Ei oder die Henne. Da die Henne das Ei produziert, aus dem die Henne werden kann, und da die Umwelt die Gene selektiert, deren Träger sich dann auf diese Umwelt einlassen, lohnt es sich, den Gedanken zu verfolgen, dass es keine Dinge sein können, mit den etwas seinen Anfang genommen hat. Es sind vielmehr Bildungen, bei denen das Sein und das Werden zugleich erfasst werden können, mit denen argumentiert werden muss. Bildungen handeln im Wortsinne von Abläufen, die etwas herausbilden, und Ergebnissen, die dabei gebildet werden. Diese duale Bewegung einer natürlichen Bildung hat auch zum Menschen geführt, der mit seinen Sinnen erfasst, was ihn hervorgebracht hat, und dessen Sinn danach trachtet, darüber hinaus zu gehen.

## Der Blick auf das Gesicht

Zu den wichtigen Bildungen in einem Menschen gehören seine Sinnesorgane und die dazugehörigen Nervensysteme. Während sich neues Leben entwickelt, wird der wachsende Körper reichlich mit Nervenzellen versorgt. Diese Neuronen bilden ein dichtes Netz, da sie alle miteinander verbunden sind und Signale in sämtliche Richtungen laufen lassen können. Auf diese Weise können Babys zwar die Welt ansehen, aber die Gegenstände in ihr nicht wirklich scharf erkennen. Es wird jedem, der mit Kleinkindern beschäftigt ist, auffallen, wie schwer es ihnen fällt, den Kopf auf ein Objekt zu richten, und wie viel lieber sie ihren Blick hin und her schweifen lassen. Wenn sie einmal anhalten, dann gilt ihr Blick meist einem Gesicht, bevorzugt dem der Mutter. Sie betrachten ihre Augen und Nase und Ohren aber nicht so, wie Erwachsene dies tun, weil in der kindlichen Netzhaut noch die Zone fehlt, die als Fovea centralis vorgestellt wurde und die zentral auf der Retina angelegt ist.

Wer etwa einer gleich großen Person gegenübersteht und sie ansieht, empfängt das von ihrem Gesicht ausgehende Licht direkt auf der Fovea centralis, in der sich die größte Dichte an lichtempfindlichen Zellen befindet. Alles Übrige drum herum wirkt eher diffus – wenn dort auch jede kleinste Art von Bewegung sofort registriert wird. Psychologen unterscheiden dabei gerne die Figur – das betrachtete Gesicht – von dem Medium – dem verschwommenen Hintergrund –, was bedeutet, dass Kleinkinder vor allem in ein Medium schauen. Eine Figur wird erst erkennbar, wenn zum einen die lichtempfindlichen Zellen dicht genug gepackt sind, um eine Fovea centralis werden zu können, und wenn zum Zweiten die sich anschließenden und das Gehirn bedienenden Neuronen geeignet verschaltet sind. Die Evolution hat es dabei fertiggebracht, die Verfeinerungen des Wahrnehmungsapparats so zu koordinieren, dass es scheint, als ob die Gene die Ausbildung der Neuronen so lange hinauszögern, bis die sinnliche Erfahrung ausreicht, um auswählen zu können, welche Neuronen verschaltet und gestärkt und welche nicht gebraucht werden und absterben dürfen.

Unabhängig von den unscharf und verschwommen bleibenden sinnlichen Eindrücken finden Gesichter trotzdem schon früh die Aufmerksamkeit der Neugeborenen, und zwar reagieren sie bereits auf das Antlitz ihrer Mutter, wenn sie 40 Minuten alt sind. Es dauert etwas länger – nämlich etwa 18 Monate –, bis Kleinkinder etwas mit dem Gesichtsausdruck anfangen und einem Mienenspiel entnehmen können, ob Menschen andere Wünsche als sie selbst haben. Diese Fähigkeit scheint die Wissenschaft einem spezifischen Areal mit Neuronen für Gesichter – Gesichtsdetektoren – zuweisen zu können, mit dem sich untersuchen lässt, wie sich das Sehen von Gesichtern vom ersten Eindruck zum späteren Urteil ändert, wenn man in viele blickt und immer mehr kennenlernt.

Offenbar beginnt die Wahrnehmung mit dem Schema, das jeder nach dem Motto »Punkt, Punkt, Komma, Strich, fertig ist das Mondgesicht« schon einmal selbst zu Papier gebracht hat. Anfänglich unterscheiden Babys auch keine menschlichen Gesichter von denen von Affen, und sie merken auch nicht, wenn das Kinn oben und die Stirn unten zu liegen kommt. Erst sehen sie nur »Gesicht«, dann lernen sie, die Formen genauer zu betrachten, die in ihrer Umgebung auftauchen, und schließlich zeigen sie sich in der Lage, zwischen diesen vertrauten Antlitzen genauer zu unterscheiden, während andere – fremde – Menschen sich immer ähnlicher und zuletzt ununterscheidbar werden.

Dieser (kulturelle) Effekt ist den meisten bekannt, wenn es ihnen als Europäer Mühe macht, individuelle Besonderheiten in Gesichtern von Japanern oder Chinesen auszumachen. Umgekehrt verhält sich die Sache ebenso, wie durch den Wunsch des ersten japanischen Botschafters in London zu zeigen ist, der um seine Abberufung gebeten hatte, weil es ihm unmöglich sei, in einem Land zu leben, in dem die Menschen alle gleich aussehen. Doch diese Ernüchterung zeigt sich nur am Anfang. Dann schärfen Menschen ihre Sinne und passen ihr Wahrnehmen den neuen Umständen an. Menschen bleiben offen für die Welt, unabhängig davon, wer sich ändert, die Welt oder die Menschen. Beide gehören und bleiben zusammen, und die Sinne übernehmen die dazugehörige Koordination. Mit ihnen bleiben Menschen in der Welt und kommt die Welt zu den Menschen.

# Zuletzt

Die Sinne des Einzelnen und
der Sinn des Ganzen

Während sich die Naturwissenschaften zuständig fühlen, wenn es um die Sinnesleistungen einzelner Menschen geht, reagieren ihre Vertreter zurückhaltender, wenn sie es bei ihren Experimenten mehr mit den sensitiven Teilen zu tun bekommen und kaum das Ganze in einem Versuch zu erfassen wagen. Wenn der Sinn zur Sprache kommt, dann überlassen sie das Feld gerne den Philosophen, die gerne große Themen ansprechen und zum Beispiel »Sein und Zeit« verbinden, ohne auf die Idee zu kommen, den beiden Entitäten auf der physikalischen Ebene zu begegnen. Philosophen haben vielleicht nicht so viel zu den Sinnen, aber eine Menge zum Sinn zu sagen, vor allem, wenn sie aus religiösen Überzeugungen heraus argumentieren. Sie verstehen sich auf das Ganze, und nur mit Blick darauf enthält oder liefert die Rede etwa vom Sinn des Lebens einen Sinn. Das bedeutet in diesem Fall, dass der Tod mit dazugehört und erst nach ihm über den Sinn des abgeschlossenen Daseins geurteilt werden kann.

## Naturwissenschaftlicher Sinn

Trotzdem – nachdem so viel von den Sinnen die Rede war, stellt sich automatisch allein vom Gleichklang der Begriffe her die Frage, ob es nicht diese natürlichen Empfindsamkeiten sein können, die dem ganzen damit geführten Leben einen tieferen Sinn geben, den Menschen erleben und erfahren können. Dabei ist eine Erfahrung zu beachten, die der heute als russischer Staatsmann gefeierte Michail Gorbatschow in seinem Lebensbericht »Alles zu seiner Zeit«

schildert und in der es um den Wechsel von der Provinz in die Hauptstadt Moskau geht. Gorbatschow schreibt:

»Das war ein richtiger Schock für mich. Ich kam vom Land, wo es weder Elektrizität noch Radio noch Telefon gab, wo die südlichen Nächte abrupt in den Tag übergehen, wo die großen Sterne wie aufgehängte Laternen aussehen. Und die Luft ist im Frühling oder Sommer voller Düfte von Blumen, Bäumen und Gärten. Und plötzlich: das Quietschen der Straßenbahnen, der Donner des U-Bahn-Zugs, die von der Elektrizität erleuchteten Nächte und die ungeheuren Menschenmassen.«

Die Erfahrungen der Sinne verwirren den jungen Menschen, der sich im kollektiven Gewühl voller Hektik neu orientieren muss und bei der Suche nach dem Sinn von nun an anders vorgeht, als die Bewohner des Dorfes, in dem er aufgewachsen ist. Was Gorbatschow im Laufe einiger Wochen erlebt, hat die Menschheit insgesamt im Laufe der Jahrhunderte mitgemacht. Über die Sinne strömen Menschen in Städten – auch dank einer zunehmenden Vielfalt der Medien – inzwischen mehr Informationen an einem Tag zu, als Gorbatschows Nachbarn seiner Kindheit oder Menschen im Mittelalter im Laufe eines Jahres aufzunehmen hatten. Und es wird jeder für sich merken und wissen, dass sich die Überforderung der Sinne bei der Suche nach dem Sinn nicht unbedingt hilfreich für die Psyche auswirkt und ihn vermutlich sogar aus dem Blickfeld im Besonderen und der Wahrnehmungswelt im Allgemeinen abzieht. Menschen suchen heute einen Lebenssinn vielfach durch das Erkunden ihrer Innenräume, die sich dem naturwissenschaftlichen Ansatz entziehen, dem an dieser Stelle die Aufmerksamkeit gehört.

Bevor mit seiner Hilfe der unüberhörbare Gleichklang von Sinne und Sinn weiter erkundet wird, soll an einen viel zitierten Satz aus dem Mund oder der Feder eines naturwissenschaftlichen Klassikers erinnert werden, in dem es um den Sinn einer biologischen Theorie geht. Der Satz lautet: »*Nothing in biology makes sense, except in the light of evolution.*«

Diese überdurchschnittlich weitverbreitete und bei allen möglichen und unmöglichen Gelegenheiten zitierte Bemerkung der russisch-amerikanischen Genetikers Theodosius Dobzhansky (1900–1975) sollte nicht – wie leider üblich – mit dem falschen Freund übersetzt werden, der in schlechtem Deutsch besagt, dass wissenschaftliches Denken im Rahmen der Biologie »keinen Sinn macht«, solange es ohne den Hintergrund des evolutionären Gedankens unternommen wird. Wer Dobzhanskys Diktum übersetzen will, könnte oder sollte vielleicht formulieren, dass biologisch angelegte Erklärungen von Eigenschaften des Lebens nur im Lichte eines evolutionären Werdens der Lebensfülle sinnvoll sein können oder so etwas wie einen erzählbaren Zusammenhang erkennen lassen.

Die Behauptung des Genetikers trifft ganz sicherlich zu, denn die menschlichen Sinne sind tatsächlich dann am besten zu verstehen, wenn man sich klarmacht und bei ihrem Verständnis berücksichtigt, dass die Augen eines Menschen auf das Licht am empfindlichsten reagieren, in dem er sich die meiste Zeit des Tages aufhält. Und seine Ohren hören in dem Bereich der akustischen Signale am besten, in dem menschliche Stimmen zu verorten sind und ihre Informationen geben.

So gesehen kann die Art, wie menschliche Sinne funktionieren, in dem wissenschaftlich untersuchten Rahmen – und sicherlich auch unter anderen Aspekten – als etwas verstanden werden, dem ein Sinn unterstellt werden kann, nämlich der, sich der Welt und anderen Menschen gegenüber offen zu zeigen und seinen Platz in der Geschichte des Lebens erst zu finden und dann zu befestigen und auszubauen. Die Sinne eines Menschen haben den Sinn, ihre durch ihr Vermögen für die äußere Wirklichkeit empfindlichen Träger so gut an ihre Umwelt anzupassen, dass sie in ihr stark und überlebensfähig werden.

Die Sinne funktionieren also sinnvoll, was die bereits angesprochene einfache Frage zu stellen erlaubt, ob der Gleichklang der vielen Sinne, die den Menschen zur Verfügung stehen, mit dem einen Sinn, über den Menschen nachdenken und dem sie nachstreben, zufällig zustande gekommen ist und oberflächlich bleibt, oder ob sich da eine tiefer gehende Bedeutung finden lässt. Der Gleichklang zwischen den Sinnen und dem Sinn findet sich unter anderem auch im Englischen, wo es die *senses* sind, mit denen die Welt zugänglich wird, und das Leben möglichst so geführt wird, dass sich dabei ein Sinn zeigt, *that it makes sense*, wie es in angelsächsischer Ausdrucksweise heißt und wie leider inzwischen auch im Deutschen zu hören ist, wenn dauernd die für meine Ohren schmerzhafte Floskel »das macht Sinn« zu hören ist. Nichts und niemand kann Sinn in dem direkten Sinne produzieren oder »machen«, in dem man ein Abendessen macht oder einen Film produziert. In den beiden zuletzt genannten Beispielen steht vom Anfang des dazugehörigen Tuns an fest, was zuletzt dabei herauskommen soll – etwa ein Teller Bohnen oder eine Dokumentation über die Alpen. So etwas können Menschen machen, wenn und wie sie wollen, aber eben keinen Sinn. Menschen können – nicht zuletzt mithilfe ihrer sinnlichen Möglichkeiten – ein schönes Leben führen. Um ihm aber einen Sinn zuzuschreiben, muss es als Ganzes abgeschlossen sein und von anderen bewertet und eingeschätzt werden.

## Einzahl und Mehrzahl

Die Sinne im Plural gehören eindeutig in den Bereich der Naturwissenschaften, wie sie in diesem Buch zur Sprache gekommen sind, während der Sinn im Singular ebenso ein Thema des philosophischen Nachsinnens ausmacht. Tatsächlich mühen sich die Vertreter dieser Art des Denkens seit Jahrtausenden darum, den Sinn des Lebens erfassbar und vielleicht auch erfahrbar zu machen, wobei einem Außenstehenden auffällt, dass man sich dabei beharrlich an die Einzahl klammert. Kann es wirklich einen und nur einen Sinn des Lebens geben, wenn es so viele Möglichkeiten gibt, mit den Sinnen die Welt zu sich kommen zu lassen und ihre Schönheit wahr- und aufzunehmen?

Es fällt auf, dass in den philosophischen Debatten und Seminaren zwar stets von einem Sinn des Lebens gesprochen wird, dabei aber zugleich ständig ein ganzer Chor von Stimmen zu hören ist, die alle Bescheid zu wissen vorgeben. Bei diesen reichhaltigen Sinnesangeboten sind zum Teil Vorschläge zu hören, die sich auf Anhieb verstehen lassen und wegen ihrer Knappheit gefallen. Der Sinn des Lebens, so kann man zum Beispiel lesen, besteht darin, über den Sinn des Lebens nachzudenken, wie es vermutlich jeder schon einmal oder mehrmals unternommen hat, am häufigsten vielleicht in schweren und bedrückenden Zeiten, etwa dann, wenn sich Liebeskummer regte und nicht weichen wollte. Eine andere Formulierung der besonderen Art lautet, der Sinn des Lebens bestehe darin, dass es im Leben keinen Sinn hat zu sagen, dass das Leben keinen Sinn hat.

Während die nach außen offenen Sinne immer nur einzelne Gesichtspunkte in der biologisch bedingten Wahrnehmung von Welt liefern – und die jeweils zu ihnen gehörende Kette der Signale deutlich einzelne Glieder der Informationsübertragung erkennen lässt –, kann der Sinn des Lebens nur das Ganze meinen. Dies bedeutet natürlich und unausweichlich, dass der Tod mit zum Leben gerechnet werden muss, was es einem benennbaren Individuum unmöglich macht, seinen eigenen Sinn zu »machen« oder über den Sinn seines Lebens zu sprechen. Das können aber viele andere Menschen, die als Kenner oder Beobachter des zu bewertenden Lebens agieren, was den Gedanken aufkommen lässt, dass es eher viele Sinne des Lebens und weniger den einen Sinn gibt, von dem Festreden mit philosophischen Garnierungen gerne künden.

## Sinniges und Unsinniges

Wenn auch Menschen keinen Sinn machen können, wie oben dargelegt worden ist, so kann doch manchmal ein bestimmter Sinn einen Menschen machen. Jedenfalls kennt die deutsche Sprache eine Menge Wörter, die eine Person durch ihren speziellen Sinn charakterisieren – jemand kann Unsinn reden, Trübsinn verbreiten, Frohsinn zeigen und manches mehr –, von denen einige Möglichkeiten in Tabelle 5 aufgelistet worden sind. Die dabei angeführten Sinne weisen die Gemeinsamkeit auf, dass zu ihnen kein sensorischer Ausgangspunkt gehört und sie also in einem Menschen selbst entstehen und autonom aus ihm wirken. Zu den Menschen gehören also viele Sinne in der biologischen und spirituellen Bedeutung, und einige von ihnen zeigen sich auch in der Lage, zu sinnieren, wie es heißt, wenn jemand ganz weltversunken seinen Gedanken nachhängt, vielleicht um zu entscheiden, ob etwas sinnvoll oder sinnlos ist, wie nur zwei der Eigenschaftsworte (Adjektive) lauten, die die deutsche Sprache mit dem Sinn zu bilden erlaubt.

## Sinne und Sinn im sprachlichen Leben

Blödsinn
Eigensinn
Frohsinn
Gemeinsinn
Irrsinn
Lebenssinn
Machtsinn
Schwachsinn
Spürsinn
Starrsinn
Tiefsinn
Trübsinn
Unsinn
Wahnsinn
Wortsinn
Zeitsinn

*

Sinnspruch
Sinneswandel
Sinngebung
Sinnbild
Sinnig
Sinnlich
Sinnleer
Sinnlos
Sinnreich
Sinnvoll
Sinnbetörend
Sinnbildlich
Sinnentleert

## Sinne und Gedanken

Ich möchte zuletzt einen besonderen Sinn der Sinne erwähnen und herausheben, und ich orientiere mich dabei an einem Gedicht von Marianne von Willemer (1784 –1860), die aus Österreich stammt, in Frankfurt am Main gestorben ist und als eine der großen Lieben des berühmtesten Sohnes der heute manchmal als Mainhattan bezeichneten Stadt in die Annalen eingegangen ist, als die Geliebte von Johann Wolfgang von Goethe nämlich (1749–1832). Marianne von Willemers besondere Anerkennung durch die Wissenschaft kommt dadurch zustande, dass der Meister sich durch sie und seine Liebe zu ihr hat inspirieren lassen und sogar einige ihrer Gedichte leicht verändert in seinem großen Werk vom *West-östlichen Divan* aufgenommen hat –

ohne es für nötig zu halten, der Nachwelt davon Kunde zu geben. Das musste sie selbst erledigen.

Die letzte Begegnung der beiden Liebenden hat auf dem Heidelberger Schloss stattgefunden, und zwar im Verlauf des Jahres 1815, das in die Romantik fällt. Marianne von Willemer bringt ihre Gefühle für den Dichter und ihr Empfinden beim Abschied in zugleich anrührenden und pointierten Zeilen zu Papier. Ihre Verse bedauern zu Beginn, dass sie sich zwar anfänglich »von der lieben Hand gezogen« fühlte, doch die sei jetzt im Herbst »nicht mehr zu sehn«. Dieser sinnlich erlebte Verlust führt nun zu einem Wechsel im Gebrauch der Sinne bei der Dichterin, die von ihrer Liebe nicht lassen will:

»O schließt euch nur ihr müden Augenlider.
Im Dämmerlichte jener schönen Zeit
Umtönen mich des Freundes hohe Lieder
Zur Gegenwart wird die Vergangenheit.

Schließt euch um mich, ihr unsichtbaren Schranken
Vom Zauberkreis, der magisch mich umgibt
Versenkt euch willig Sinne und Gedanken
Hier war ich glücklich, liebend und geliebt.«

Es sind im spröden Sprachgebrauch der Naturwissenschaft verschiedene Sinne, mit denen die Begegnungen der Liebenden so erinnert werden, dass sie als aktuelle Empfindung das Gemüt erfüllen und einen Zustand des Glücks im Unglück der Trennung herbeiführen können. Für den Erkunder sensorischer Qualitäten wirkt dabei besonders eindrücklich die Zeile, in der Marianne von Willemer »Sinne und Gedanken« gleichberechtigt behandelt und dem konstruktiv tätigen Duo ihr Lebensglück in doppelter Hinsicht zuweist.

An dieser abschließenden Stelle des Buches soll die riskante Behauptung aufgestellt oder wenigstens aufgeschrieben werden, dass die Liebe im Leben eines Einzelnen schon das Ganze ist, das ein irdisches Dasein lohnenswert und – wortwörtlich – sinnvoll werden lässt. Sie ermöglicht den Menschen nicht nur das biologisch-organische Ziel der Fortpflanzung, sondern hilft einem verliebten Paar darüber hinaus, das ästhetisch-ätherische Bedürfnis nach sinnlich erfahrener Lust zu befriedigen.

Wenn also die Liebe der Sinn ist, den alle suchen, dann versteht sich leichter, warum und wie sehr die Sinne an ihr beteiligt sind. Vom Sehen des Gesichts der oder des Geliebten führt das sinnliche Erleben über das erste Fühlen der Hand und ihrer Haut, das weiter über die küssende Begegnung der blutreichen Lippen gesteigert wird, bis die innige Umarmung gelingt, die sich mit Liebesgeflüster aus hauchenden Mündern und Wohlgerüchen aus feuchten Zonen weiter zu dem Höhepunkt steigert, an dem sich ein Zustand der beglückenden Erschöpfung einstellt. Von ihm aus kann das Ganze der gerade erlebten Liebe in Augenschein genommen und mit einem Sinn bedacht werden. Es ist der Sinn, den die Sinne ermöglicht haben. Für ihn lohnt sich das Leben, das durch die Liebe weitergeht und die Sinne offen hält. Ein schöner Gedanke, der sicher schon vielen Menschen in den Sinn gekommen ist.

# Anhang

# Literatur

Aristoteles, *Metaphysik*, Stuttgart 1996 (und viele andere Ausgaben)

Asimov, Isaac, *The Human Body*, Boston 1963

Campen, Cretien van, *The Hidden Sense – Synesthesia in Art and Science*, Cambridge (Mass.) 2008

Ebberfeld, Ingelore, *Botenstoffe der Liebe – Über das innige Verhältnis von Geruch und Sexualität*, Frankfurt am Main 1998

Fischer, Ernst Peter, *Kritik des gesunden Menschenverstandes*, Hamburg 1989

Fischer, Ernst Peter, *Die Bildung des Menschen – Was die Naturwissenschaften von uns wissen*, Berlin 2004

Fischer, Ernst Peter und Wiegandt, Klaus (Hrsg.), *Evolution und Kultur des Menschen*, Frankfurt am Main 2010

Gegenfurtner, Karl R., *Gehirn und Wahrnehmung*, Frankfurt am Main 2011

Goldstein, E. Bruce, *Wahrnehmungspsychologie*, Heidelberg [2]2002

Henshaw, John M., *A Tour of the Senses – How your brain interprets the world*, Baltimore 2012

Gorbatschow, Michail, *Alles zu seiner Zeit – Mein Leben*, Hamburg 2013

Herz, Rachel und Schooler, J., »A Naturalistic Study of Autobiographical Memories Evoked by Olfactory and Visual Cues: Testing the Proustian Hypothesis«, in: *American Journal of Psychology*, 115 (2002), S. 21–32

Jablonski, Nina G., *Skin – A Natural History*, Berkeley 2006

Jourdain, Robert, *Das wohltemperierte Gehirn – Wie Musik im Kopf entsteht und wirkt*, Heidelberg 1998

Lehrer, Jonah, *Proust Was a Neuroscientist*, Boston 2007

Lindsay, P. H. und Norman, D. A., *Einführung in die Psychologie*, Berlin 1981

Luria, Alexander R., *The Mind of a Mnemonist*, New York 1968

Morris, David B., *Geschichte des Schmerzes*, Frankfurt am Main 1994

»Nature Outlook«, Supplement der Zeitschrift *Nature* zum Thema »Taste« in der Ausgabe vom 21. Juni 2012, Band 486, Ausgabe 7403, Seiten S1–S19

»Nature Insight«, Supplement der Zeitschrift *Nature* zum Thema »Skin Biology« in der Ausgabe vom 22. Februar 2007, Band 445, Ausgabe 7130, Seiten 831–880

Nicholls, John G., Martin, A. Robert und Wallace, Bruce G., *Vom Neuron zum Gehirn – Zum Verständnis der zellulären und molekularen Funktion des Nervensystems,* Stuttgart 1995

Rock, Irvin, *Wahrnehmung – Vom visuellen Reiz zum Sehen und Erkennen,* Heidelberg 1998

Tautz, Jürgen, *Phänomen Honigbiene,* München 2007

# Quellen-und Bildnachweise

*Textnachweis*:

Textauszug aus: Marcel Proust, Auf der Suche nach der verlorenen Zeit, Band 1: In Swanns Welt. Aus dem Französischen von Eva Rechel-Mertens. © Suhrkamp Verlag Frankfurt am Main 1953. Alle Rechte bei und vorbehalten durch Suhrkamp Verlag Berlin.

*Bildnachweis*:

Abbildungen erstellt durch EDV-Fotosatz Huber/Verlagsservice G. Pfeifer, Germering, auf der Grundlage von:

 1   Universität Bielefeld
 2   Archiv des Autors
 3   Archiv des Autors
 4   Archiv des Autors/Wikimedia Commons
 5   E. Bruce Goldstein, Wahrnehmungspsychologie, Heidelberg ²2002, S. 49
 6   University of Michigan
 7   Archiv des Autors
 8   University of Leeds
 9   Gehirn und Kognition, Spektrum Akademischer Verlag, Heidelberg 1990, S. 37
10   Wikimedia Commons
11   P.H. Lindsay und D.A. Norman, Einführung in die Psychologie, Berlin 1981, S. 172
12   Ruhr-Universität Bochum
13   P.H. Lindsay und D.A. Norman, Einführung in die Psychologie, Berlin 1981, S. 53
14   Gehirn und Bewußtsein, Spektrum Akademischer Verlag, Weinheim 1994, S. 36
15   Nicholls Martin Wallace, Vom Neuron zum Gehirn, Stuttgart, Jena, New York 1995, S. 13
16   Gehirn und Nervensystem, Spektrum der Wissenschaft, Heidelberg 1984, S. 5
17   Archiv des Autors

18 E. Bruce Goldstein, Wahrnehmungspsychologie,
   Heidelberg ²2002, S. 580

19 E. Bruce Goldstein, Wahrnehmungspsychologie,
   Heidelberg ²2002, S. 577

20 Florida State University

21 E. Bruce Goldstein, Wahrnehmungspsychologie,
   Heidelberg ²2002, S. 598

22 E. Bruce Goldstein, Wahrnehmungspsychologie,
   Heidelberg ²2002, S: 589

23 Archiv des Autors

24 E. Bruce Goldstein, Wahrnehmungspsychologie,
   Heidelberg ²2002, S. 543

25 Nina G. Jablonski, Skin – A Natural History, Berkeley 2006,
   S. 99

26 P.H. Lindsay und D.A. Norman, Einführung in die Psychologie,
   Berlin 1981, S. 130

27 E. Bruce Goldstein, Wahrnehmungspsychologie,
   Heidelberg ²2002, S. 389

28 E. Bruce Goldstein, Wahrnehmungspsychologie,
   Heidelberg ²2002, S. 395

29 Archiv des Autors

30 Wikimedia Commons

31 E. Bruce Goldstein, Wahrnehmungspsychologie,
   Heidelberg ²2002, S. 503

32 E. Bruce Goldstein, Wahrnehmungspsychologie,
   Heidelberg ²2002, S. 504

33 E. Bruce Goldstein, Wahrnehmungspsychologie,
   Heidelberg ²2002, S. 548

# Register

*Weitere Titel von Bestsellerautor*
*Ernst Peter Fischer*

## GENial!

Ernst Peter Fischer präsentiert die rasante Entwicklung der Genetik anhand der wichtigsten Erkenntnisschritte und verrät, dass Durchbrüche in der Forschung auch immer mit glücklichen Zufällen zu tun haben.

352 mit Abb., ISBN 978-3-7766-2684-1, **HERBiG**

## Die Hintertreppe zum Quantensprung

Eine großartige Wissenschaftsgeschichte über die kleinsten Teilchen der Natur. Erfahren Sie anhand ausgewählter Porträts renommierter Forscher alles über die faszinierende Geschichte der Quantenphysik.

352 Seiten, ISBN 978-3-7766-2643-8, **HERBiG**

## Die kosmische Hintertreppe

Ernst Peter Fischer erzählt die Geschichte der wichtigsten Himmelsforscher. Über ihr Leben bekommen wir Zugang zu ihren Einsichten und das spannende Abenteuer der Erkundung des Weltraums breitet sich vor uns aus.

352 Seiten mit Abb., ISBN 978-3-485-01186-0, *nymphenburger*

**HERBiG** www.herbig-verlag.de